U0303651

汉译世界学术名著丛书

量子力学的哲学基础

〔德〕H. 赖欣巴哈 著

侯德彭 译

商务印书馆
The Commercial Press

Hans Reichenbach

PHILOSOPHIC FOUNDATIONS OF
QUANTUM MECHANICS

University of California Press，1945

根据加利福尼亚大学出版社 1945 年本译出

汉译世界学术名著丛书
出 版 说 明

我馆历来重视移译世界各国学术名著。从 20 世纪 50 年代起，更致力于翻译出版马克思主义诞生以前的古典学术著作，同时适当介绍当代具有定评的各派代表作品。我们确信只有用人类创造的全部知识财富来丰富自己的头脑，才能够建成现代化的社会主义社会。这些书籍所蕴藏的思想财富和学术价值，为学人所熟悉，毋需赘述。这些译本过去以单行本印行，难见系统，汇编为丛书，才能相得益彰，蔚为大观，既便于研读查考，又利于文化积累。为此，我们从 1981 年着手分辑刊行，至 2016 年年底已先后分十五辑印行名著 650 种。现继续编印第十六辑、十七辑，到 2018 年年底出版至 750 种。今后在积累单本著作的基础上仍将陆续以名著版印行。希望海内外读书界、著译界给我们批评、建议，帮助我们把这套丛书出得更好。

商务印书馆编辑部

2018 年 4 月

译　者　序

　　本书作者赖欣巴哈是一位实证主义哲学家。1891 年他生于德国汉堡，1933 年法西斯上台后被纳粹驱逐流亡国外，1938 年起任美国加利福尼亚大学哲学系教授，1953 年去世。本书是赖欣巴哈的一本主要著作，写于 1942 年。他从实证主义的立场出发，分析了量子力学的科学成果，从中论述了他对哲学基本问题的看法，并据此阐述了关于知识的性质、客观实在（即所谓"观测之外的事物"）以及因果性等问题。

　　实证主义哲学在西方兴起于 19 世纪末 20 世纪初，其代表人物是奥地利物理学家兼哲学家马赫。当时经典物理学正遭受严重的危机，一系列实验的新发现，如电子的发现及其质量的可变性、放射性的发现以及被物理学家开尔文称为"两朵乌云"的"以太之谜"和"黑体辐射之谜"等，使经典物理学的基本概念发生了动摇，整座经典物理的大厦濒临崩溃。为了走出困境，一些激进的物理学家和哲学家重新拿起 18 世纪英国哲学家休谟的批判武器。休谟从彻底的经验主义立场出发，认为人类的知识来源于感觉经验又不可能超越经验，他既反对洛克把感觉经验的来源归之于不可见的物质微小粒子的作用，也反对主观唯心主义哲学家贝克莱把它们归之于上帝。他认为感觉之外物质是否存在这个问题是无法回答的,所以休谟的哲学在历史上又常被称为"不可知论"。马赫传承休谟的思路,对经典物理学进行了批判,他的哲学主张可概括为两条基本原则:(1)可观测性原则。他认为物理学的对象只能是实验中的可观测量。他对经典物理学中的"不变质量"、"绝对时空"等概念进行了批判;(2)经济思维原则。他认为,物理学中所有的假设或理论,实际上都是物理学家按照经济思维的原则把可观测量之间的关系建立起来,除此以外的一切都是无意义的"形而上学"。

应当肯定,实证主义哲学在上世纪初物理学革命的前期,曾发挥了积极的影响,它帮助物理学家摆脱了经典物理旧概念框架的束缚。爱因斯坦晚年在回忆狭义相对论的创立过程时说:他之所以能在同时性的相对性问题上取得突破,是由于阅读了尤其是休谟和马赫的哲学著作而得到了决定性的进展。但是,随着物理学革命的深入,实证主义哲学对于科学发展的消极作用逐渐显露出来。由于实证主义把可观测量以外的一切描述都斥为无意义的"形而上学",实际上对于科学家深入探索物质世界成了一种障碍,马赫本人就不承认相对论,甚至不承认原子的存在,这使爱因斯坦逐渐从一个马赫的崇拜者转变成为马赫的批判者。他后来抨击马赫的哲学"不可能创造出什么有生命的东西","马赫可算是一位高明的力学家,却是一位拙略的哲学家。他认为科学家所处理的是直接材料,这种科学观使他不愿承认原子的存在"。

本书所讨论的是量子力学的哲学解释,为此,需要对相关背景作一点介绍。量子力学诞生于 20 世纪 20 年代,然而从它诞生伊始,关于量子力学的哲学解释就陷入了一场持久的争论。其根源是量子力学揭示了微观世界的物质,例如电子具有宏观物质所不具有的波动—微粒两重性。在一类实验,例如衍射实验中,电子的行为表现像波动;而在另一类实验,例如吸收、发射中,它又表现像微粒。1927年海森堡测不准关系的发现更是震撼了整个物理界。海森堡发现,微观粒子的坐标和动量不可能同时具有确定性;反之亦然。在宏观世界,我们总是能够尽量消除测量仪器对客体的影响,但在量子领域却是不可能的。正如测不准关系所表明的,为了确定中子的位置,我们需要用子射线照射它。对于宏观物体,γ 光子的作用微不足道;但对于电子,γ 光子的作用却足以改变它原有的动量。由此可推出两点结论:第一,由于测量仪器对客体的作用是随机的,或者说是"不可控制与预测的",这就决定了量子力学必然是一种统计性的理论。第二,由于不可能排除测量仪器的作用,因而量子力学所描述的并不是微观粒子本身,而是它与测量仪器作用的结果。或者说,在量子领域,主体与客体是不可分的。为了仍然能用经典的语言来描述量子现象,玻尔提出了著名的"互补原理"。意思是说,从概念上说,经典物理中的"波动"和"微粒"的概念仍然可以用来描述微观现象,但要在一种"互补"的条件下来使用。我们不能同时使用这两个图像,因为它们是互相矛盾的;但是二者可以互相补充。在描述原子现象时,我们从一种图像转换到另一种图像,再从另一种图像转回到原来的图像,我们就能得出关于原子世界的完整图像。把"测量解释"和"互补原理"综合在一起,就形成了至今仍在量子力学占主导地位的量子力学"哥本哈根解释"。但是,另一批著名的物理学家包括爱因斯坦、薛定谔、德布罗意等,却激烈反对量子力学的可派解释。他们不同意测量仪器的作用导致微观世界主客体不可分的观点,坚持物理学理论的目标始终应是对物质世界客观规律的描述。为此,他们认为现有量子力学的统计性是暂时的,表观的,在它的背后一定还存在着能够对微观现象作出类似经典物理的决定论或描述的理论。

赖欣巴哈在本书中所阐述的关于量子力学解释的观点,如果按营垒划分,基本上归属于哥派阵营。但是,处于实证主义的立场,赖欣巴哈的观点与正统哥派观点又有所区别。在哥派解释中,虽然提出由于存在着测量仪器对微观粒子的不可控制与预测的作用,使我们不能认识微观粒子本身的真实运动规律,但它至少承认,微观粒子是客观存在的,即原子世界的存在是真实的。而对实证主义者赖欣巴哈来说,原子是否存在的问题,却是无意义的"形而上学"。

在本书中,赖欣巴哈在论述量子力学的成果时,大体上重复了哥派的"测量解释",即在量子领域存在着客体必然受到观测的干扰,但他不满于哥派仍然坚持微观物质的客观存在。他认为,量子力学的研究对象只能是"现象"。作者说,我们应当把世界分为两个,一个叫作"现象世界",现象由一切发生与"巧合"中的事件构成,它们是可观测的或是广义可观测的;另一种世界叫作"中间现象世界",中间现象是不可观测的。例如电子从辐射源中射出以及到达衍射屏上这两个事件,都是现象,电子在二者之间的运动过程则是中间现象。因为中间现象不可观测,所以关于它可以有各种等价的描述方式,其中任何一种都同样的真,只要它不与观测到的现象有矛盾就行。一棵树,在我们不去看它时是什么样子呢?我们可以认为它和我们看到的时候是同一个样子。作者说,在这样的描述中包含两个假定：第一是假定观测到的和观测之外的树遵从同一的规律，第二是假定观测无干扰。这样的描述体系称之为"正常体系"，它也就是我们通常所约定采用的描述，但这并不是唯一的真描述。我们同样可以认为，一棵树在我们不去看它时总分裂成两棵，它们遵从一种"异常的"光学规律，以致它们所产生的影子只有一个，并且当我们观测它们时，它们又变成了一棵。这种解释虽然十分异常，但与上述"正常解释"同样的真。

　　作者进一步说，古典物理学的特点就在于我们对全部现象都能"插入"类似于上述第一种解释的、满足因果性要求的中间现象描述。

　　可是，作者分析说，微观世界的情况就完全不同了。首先，据说测不准关系必然要带来观测的干扰，因此我们无法作出"正常体系"的第二个假定。其次，电子在某些实验里需用微粒解释作为正常解释，在另一些实验里又需用波动解释作为正常解释。因此，对电子的全体中间现象说来，微观解释和波动解释不可能"正常地"贯彻到底，统一的正常解释不可能存在。"因果异常"在微观世界里总是存在着。

　　为了表示微观世界的这种情况，作者在此引入了两个术语。凡是在一种科学解释中包括对"中间现象"的描述，这就称为"详尽解释"，如果仅限于描述"现象"，则称为"有限解释"。微粒解释和波动解释都属于详尽解释。用这些术语来说，微观世界的特点就在于，不可能存在一种正常的适用于全体中间现象的详尽解释。量子力学的基本原理表明微观世界与正常的因果性不相容。但是作者接着安慰我们说，我们不必为这种"因果异常"而不安，因为第一,这种异常仅限于中间现象,那反正是观测不到的;第二,对于每一个中间现象说来,我们还是可以有一种正常的详尽解释的。我们可以在一个实验里使用微观解释,在另一实验里使用波动解释。只是要记住,满足正常因果性的详尽解释与因果异常的详尽解释是同样有效的,我们根本不能证实其中哪个是真,哪个是假。

以上就是作者通过对量子力学基本原理分析得出的关于微观世界的面貌,以及对于知识原理和实在、因果性等概念作出修正的基本论述。作者还为微观世界构想出一个宏观模型,值得在这里谈谈,以便使读者能够更清楚地看出作者的观点。这里,为了明晰起见,我们略为把它简化了一下。

设想我用步枪瞄准某人射击。假定子弹飞行很快,以致我们根本无法观测到它在空中行进时是什么样子:它也许是个沿确定轨道飞行的粒子,也许是个充满整个空间的波,也许是别的什么东西。现在我扣动扳机,听得一声枪响之后,我对面那个人倒下了。这里,在极其邻近的两个时刻发生了两个可观测的"巧合"事件。一个是,我发现原来在枪膛中的一颗子弹不见了,推理表明它被射出去了;另一个是,在此瞬间之后我发现对面有一个人倒下了,并且在他身体中找出一颗原来没有的子弹。怎样解释这些已知的"巧合"事件呢?我们不能说前一个事件是原因,后一个事件是结果。因为我们观测不到子弹在飞行中的样子,无法跟踪子弹的运动,因此我们不能断定那个人身体中的子弹是否就是原来在我枪膛中的那颗子弹,当然它们也就谈不上什么因果关系。但我们可以在这两个可观测事件之间"插入"一种中间现象,假定子弹从枪膛中射出后仍然保持是粒子,沿着确定的轨道飞行。这样我们就在它们之间建立起了因果关系。我就可以说,我所瞄准的那个人之所以中弹倒下,是因为他恰恰处在子弹飞行的轨道上。因为作了上述假定,这个因果陈述也就成为可以检验的了。

这个解释,就是我们通常所约定的解释。但它并非唯一正确的解释。我们同样可以认为,子弹在空中飞行时是一个充满整个空间的波,在它向前传播时遇到了一个人,突然又收缩成一颗子弹。这种解释尽管十分异常,但与第一种解释是等价的,我们无法证实哪个是真,哪个是假。

作者说,如果上述的子弹是普通的宏观子弹,我们就总是可以采取第一种正常的解释,即总能作出正常的因果"追加"。但如果它像电子那样的话,我们就不能对它有一个统一的正常描述了。这是微观世界因果异常原理的表现。

这个微观世界的宏观模型,尽管与现实的宏观世界很不同,但据作者说,它是从量子力学基本原理导出的,因此要求我们要熟悉它,习惯于它。

为了使自己的论证穿上严密化和科学化的外衣,作者在本书的最后一篇建立了所谓"三值逻辑"的系统,说它是量子力学的适当的逻辑形式。从前面的分析可以看出,量子力学的哲学解释实质上不是什么逻辑问题。曾对量子力学有过重大贡献的玻恩,也不相信作者编造的这套逻辑。玻恩曾说三值逻辑纯粹是符号游戏,毫无价值。而且,它往往要用二值逻辑来解释。由于它的意义不大,我们在这里就无需多加评论了。

围绕量子力学哲学解释的世纪之争,至今已延续了80多年,这其中,实证主义哲学家的参与只是一段插曲。量子力学缔造者中的海森堡、狄拉克早年曾倾向实证主义，但后来都因为在实践中行不通而放弃了。实证主义哲学上世界前半期在西方曾经历了一段辉煌，20世纪50年代已逐渐走向衰落，取而代之的是各种流派的历史主义哲学。但从历史的角度看，实证主义哲学在量子力学体系形成的过程中曾经发挥过正面和负面的双重影响，所以直到今天，量子力学的研究者仍然有必要深入了解这一段历史。本书作为从实证主义观点出发对量子力学系统作出哲学解释的代表作，特别值得一读，我想这就是出版本书中译本的意义所在。

本书译文和译者序中错误之处在所难免，敬请读者予以指正。

广西大学杨兆祥教授对中译本提了中肯的意见，特此致谢。

译　者

2013年5月

目　　录

作　者　序

　　现代物理学的面貌由两个伟大的理论结构勾画而成,这就是相对论和量子论。前者大体上是一个人的发现,因为爱因斯坦的工作绝不是别人的贡献所能相比的,例如洛伦兹,他仅仅接近于完成特殊相对论的基础,又例如明可夫斯基,他仅仅确定了这个理论的几何形式。量子论的情况就不同了。它是在许多人的合作之下发展起来的,其中,每个人都在重要的方面有其贡献,每个人都在自己的工作中利用了别人的结果。

　　这种合作的必要性在量子论这个课题中似乎具有深刻的根源。首先,量子论的发展主要是靠观测结果的提供,是靠观测数据的精确性。如果没有实验工作者队伍的支持,没有他们用精密仪器把谱线的照片拍摄下来,或去仔细观察基本粒子的行为,那么,即便在量子论的基础已经建立起来以后,这个理论也绝不可能彻底完成。其次,量子论的基础在逻辑形式上与相对论十分不同。量子力学基本原理绝不能形成一个统一原理,而且,不管数学上如何精巧,它们都不像相对性原理那样具有使我们一看就能信服的启发性。最后,和相对论过去对时空概念的批判情况比较起来,这些原理与经典物理原理的距离要大得多;它们不仅意味着从因果律过渡到了几率律,而且意味着我们要修正哲学上关于观测之外客体的存在问题的观念，甚至要修正逻辑原理，这就从根本上动摇了我们关于知识的理论基础。

　　量子物理理论形式的发展可以分为四个时期。第一个时期与普朗克、爱因斯坦以及尼·玻尔的名字联系在一起。普朗克在1900年引入了量子概念，接着，爱因斯坦把这个概念推广到针尖辐射的理论上（1905年）。但决定性的一步是由玻尔跨出的，他用量子概念分析了原子结构（1913年），从而导致物理发现的一个新世界。

　　第二个时期始于1925年，这个时期代表着年轻一代的工作。年轻一代是在普朗克、爱因斯坦和玻尔的物理学教养之下，从旧物理学已经行不通的那些地方出发的。最惊人的一个事实就是：这个时期虽然一直发展到量子力学的产生，但在开始的时候，人们对实际情况并无清楚的了解。德布洛意提出波是粒子的伴随者；薛定谔在同波动光学进行数学类比的指引之下发现了量子力学的两个基本微分方程；玻恩、海森堡、约当以及独立于他们之外的狄拉克提出了矩阵力学，这种力学看来却拒绝任何波动解释。这个时期标志着数学技巧的惊人胜利，确定了理论如何能概括全部观测数据的发展方向，但它主要是靠物理直觉而不是靠逻辑原理的运用和指导。这一切都是在很短的时间内完成的；到1926年，新理论的数学形式就已经弄清楚了。

　　第三个时期紧接着而来；这就是对所得结果的物理解释时期。薛定谔证明了波动力学和矩阵力学的等价。玻恩认识到了波的几率解释。海森堡看出了，理论的数学体系必然要带来预言的无法克服的不确定性，必然要带来测量对客体的干扰。这里，玻尔又一次参与了年轻一代的工作。他证明了，理论对自然界所作的描述容许有一种特殊的任意性，他把这表述为并协原理。

第四个时期一直继续到今天；这个时期完全是把已有结果不断推广到越来越多的应用上，包括对实验结果的应用，这都是和数学改进结合起来进行的；特别是，在研究日程中考虑到数学方法之适应于相对论假定的要求。本书不打算讲这些问题，因为我们所探讨的是理论的逻辑基础。

正是在物理解释的时期，人们了解到量子力学有着奇特的逻辑形式。这个新理论中有些成就同我们关于知识和实在的传统概念有矛盾。而要说明事情的真相，要对理论进行哲学解释，那是不容易的。物理学家根据已有的物理解释发展了常用的哲学，他们谈到了主客体的关系，谈到了至今还是模糊不清和不能令人满意的实在的图像，也谈到了操作主义（它在科学预言正确的时候是令人满意的，它拒绝任何解释，认为那都是不必要的累赘）。这些概念对于物理学家开展单纯技术性的工作目的说来也许是有用的；但在我们看来，只要物理学家想知道他所做的是什么，他就不能不感到这种哲学用起来有点困难。这时候他会发觉，他好像是站在薄薄地结了一层冰的湖面上讨论问题，知道自己随时有可能滑倒并打破冰层掉下去。

正是这种困难之感，促使作者要对量子力学基础尝试作一哲学分析。我完全了解，哲学不应当试图去创立物理结果，也不应当妨碍物理学家去发现这些结果，但我相信，要对物理学作一个不包含模糊概念和偏见的逻辑分析是可能的。物理哲学应当和物理学本身一样的纯洁；它不应当跑到思辨哲学的概念里去避难，这种哲学在经验主义的时代显然是过时的了；它也不应当利用经验主义的操作形式来逃避科学解释中的逻辑问题。本书正是在这些原则的指导下试图对量子物理展开哲学解释的，它摆脱了形而上学的束缚，可是又容许我们把量子力学结果看成是关于原子世界这个和普通物理世界同样实在的世界的陈述。

似乎用不着强调，这个哲学分析是在深深赞赏物理学家的工作声中完成的，它的目的不是想去干涉物理学的研究方法；本书的目的只是想澄清种种概念；因此我们并不期望本书对物理问题的解决有什么贡献。物理学的任务是分析物理世界，而哲学的任务则是分析我们关于物理世界的知识。在这个意义上说，本书可以说是一本哲学书。

本书各篇内容的安排如下。第一篇是介绍作为量子力学之基础的一般观念；所以这一篇是我们哲学解释的概述及其结果的总结。该篇内容不以数学知识和通晓量子物理方法为先决条件。第二篇简略介绍了量子力学的数学方法；这一篇的写法是这样：要求所用的演算知识能够帮助读者去理解文字解说。今天已有许多很好的量子力学教科书，所以这些解说也许是不必要的；但我们提出来是为了打通一条了解量子力学数学基础的捷径，为了方便那些没有时间去彻底研究这门学科或是希望简短回顾一下它们在许多个别问题上的应用方法的读者。当然，我们的内容不要求是完全的。第三篇是讲量子力学的各种解释；这里同时利用了第一篇的哲学观念和第二篇的数学规律表述。该篇讨论了不同解释的性质，用三值逻辑构成了一种解释；看来，三值逻辑乃是量子力学的一种令人满意的逻辑形式。

　　作者对普林斯登高级研究院巴格曼博士在数学和物理问题上的指教深表谢意；他的意见使本书，特别是使第二篇，有了许多改进。作者也愿意向洛杉矶加利福尼亚大学的道尔基博士以及从前在洛杉矶、现在在芝加哥大学的胡登博士致以谢意，作者曾有机会和他们讨论了逻辑性质的问题，他们还在写法和术语上给了我许多帮助。最后，作者愿意向加利福尼亚大学出版社的编辑人员表示谢意，本书是在他们的关心和照顾之下出版的，在某些特殊标点符号的用法上，他们慷慨地满足了我的要求。

　　本书所阐述的观点，包括§32中引入的三值逻辑系统的解说，作者曾在1941年9月5日芝加哥大学科学联合会议上提出过。

H．赖欣巴哈

加利福尼亚大学哲学系，洛杉矶

1942年6月

第一篇　一般探讨

§1. 因果律和几率律

量子力学的哲学问题以两个主要争端为中心。一个是关于因果律向几率律过渡的问题。其次是关于观测之外客体的解释问题。我们先从第一个争端的讨论开始,下面几节再对第二个争端进行分析。

早在量子论的时代以前,物理学史上就出现了用统计律代替因果律的问题。玻尔兹曼曾揭示出热力学第二定律乃是一个统计律而非因果律;从这个伟大的发现时候起,就有人不断提出一种意见说,所有其他的物理定律都可能遭到同样的命运。人们曾经认为决定论的观念——基本自然现象遵从严格因果律的观念——乃是宏观宇宙具有因果规则性的外推结果。但是当人们一旦弄清楚宏观宇宙的因果规则性完全可以和微观领域里的不规则性(irregularity)相容时,这个外推的可靠性就成了问题,因为大数律的运用会使基本现象的几率性转变为统计规律的实际确定性。仅仅就我们所考虑的是大量原子性粒子的结果而言,宏观领域里的观测绝不能提供原子事件因果律的任何证据。这就是人们对玻尔兹曼的物理学进行无偏见的哲学分析的结果。①

鉴于这一结果,问题的解决便有待于我们能观测到个别原子现象的宏观效应。但是,即使利用这种观测,问题也不容易解决,而需要展开比较深入的逻辑分析。

每当我们说到严格因果律时,都是假定它们在理想的物理状态之间有效;而我们知道,实际的物理状态从来都不能精确符合因果律所假定的条件。这个矛盾往往被人们所忽视,认为那是无关紧要的,是由于实验者有缺点所致,因而在一个当作自然界特性之描写的因果关系陈述中可以不予考虑。但是,这种态度阻碍了解决因果问题的道路。关于物理世界的陈述,仅仅在它们同可以证实的结果联系起来时方才有意义;一个严格因果关系的陈述要能翻译成可观测关系的陈述才会有实用意义。按照这个原则,我们可以把因果关系的陈述解释如下。

当我们用观测语言即用实际完成的观测来表征物理状态时,我们知道,在这些状态之间可以建立起几率的关系。例如,要是我们知道枪身的倾斜程度、火药的用量和弹壳重量,我们就能以确定的几率预言命中点。令 A 是这类确定的初条件,B 表示命中点;

① 很难说是谁首先系统表述了这个哲学观念的。我们在玻尔兹曼发表过的言论中,没有看出他曾经想到放弃因果原则的可能性。这个观念在量子力学规律提出的前十年经常有人讨论到。爱克斯勒也许是第一个清楚地提出上述评论的人,他在 *Vorlesungen über die physikalischen Grundlagen der Naturwissenschaften*(Vienna,1919)一书中写道:"让我们记住:过去我们都是单独靠宏观现象方面的经验联想到因果原则和因果性的必要的,而把这个原则转用到微观现象上,即假定每个个别事件都是严格按照因果关系确定的,这已经没有任何经验根据了。"(691 页)。薛定谔 1922 年在苏黎世的就职致辞中曾经提到爱克斯勒,并且表达了同样的观念,这篇致词发表在 *Naturwissenschaften*,17;9(1929)上。

于是我们便有如下的几率蕴含关系：

$$A \underset{p}{\supseteq} B \qquad (1)$$

这说明当 A 给定时，B 将以确定的几率 p 发生。从这个可用经验证实的关系出发，我们便可过渡到理想的关系，即考虑理想的状态 A' 和 B'，并指出它们之间有如下的逻辑蕴含关系：

$$A' \supset B' \qquad (2)$$

这就表示一个力学定律。但是我们知道，从观测状态 A 只能以一定的几率推知理想状态 A' 的存在，同样，B 和 B' 之间也只有几率的关系，所以逻辑蕴含式(2)不会有实用价值。它只能从下一事实导得物理意义：在所有应用于可观测现象的场合，它都能用几率蕴含式(1)来代替。这样一来，当我们说精确地知道初条件以后便能肯定地预言由此产生的未来状态时，又有什么意义呢？这个陈述只有在我们向极限过渡的情况下才能有充分的意义。在表征射击的初始条件时，除了仅仅用上述三个参量（枪身的倾角，火药的用量和弹壳重量）外，我们还可以考虑其他参量，诸如空气的阻力、地球的转动等等。其结果将会使预言的数值有所改变；但我们知道，在这样更精确的表征之下预言的几率也要增大。从这个经验即可推知，在物理状态的分析中引入愈求愈多的参量就可以使几率 p 的数值任意趋近于 1。正是要采取这种形式来陈述因果原则，因果原则才能有物理意义。自然界遵从严格因果律的说法意味着我们能以确定的几率预言未来，并且对所考虑的现象进行充分精细的分析后就能促使这一几率性事件任意接近为确定事件。

　　这样提法就把因果原则作为一个**先验原则**的伪装剥去了，过去许多哲学体系都是这样来看因果原则的。如果把因果关系说成是几率蕴含关系的极限,那么,很明显,因果原则就只能作为一个经验假说保留下来了。逻辑上没有任何必要说引入越来越多的参量便可使预言的几率性趋于确定性。甚至在量子力学主张可预言性有限度之前,就有人通过上述途径看出可能有这个限度了。[①]

曾有人提出异议说,我们只能知道有限个参量,所以必须为将来发现新参量的可能性留有余地,而新参量可能导致更精确的预言。当然,我们无法断然否认有这种宽容可能性,但我们必须回答说:我们可以找到有力的归纳证据反对这个假定;寻找新参量的尝试不断遭到失败就可以看成是这些证据。像能量守恒这类物理定律就是根据证明反命题的尝试不断遭到失败而建立起来的。否认因果律存在的断言永远只能以归纳证据为基础。批评因果信念的人绝不会犯他们的反对者所犯的那种错误,他们并不企图为自己的论点举出假定的**先验**证据。

因此,量子力学对因果性的批判必须看成是历史发展的逻辑继续,这条发展路线从气体分子运动论把统计律引入到物理学中开始,并由经验主义者对因果概念的分析继续下来。但是,这个批判最后由海森堡的不确定原理(principle of indeterminacy)所表现出来的特殊形式,却和我们以上解说的批判形式有所不同。

在以上的分析中,我们都是假定物理事件的独立参量能够任意精确地测定;或者更确切地说,能够任意精确地测定这些参量的

[①]　参看作者的"Die Kausalstruktur der Welt,"*Ber. d. Bayer. Akad.,Math. Kl,*(Munich,1925),138 页,以及参看作者的论文"Die Kausalbehauptung und die Möglichkeit ihrer empirischen Nachprüfung,"这篇论文写于 1923 年,发表在 *Erkenntnis* 3(1932),30 页上。

同时数值(simultaneous values)。于是因果关系的破坏便在于这样一个事实:这些数值并不严格确定着相互依赖的实体的值(values of dependent entities),包括这些参量在以后时刻的值。因此在我们的分析中包含有一个限定,就是独立参量的数值可以同时测定。正是这个假定,海森堡已经证明它是错误的。

经典物理定律都是**有时间指向的定律**,就是说,这些定律表示实体在不同时刻的依赖关系,从而建立起展延在时间方向上的因果联系。如果不同实体的同时数值被看成彼此有依赖关系,那么,这一依赖关系就总可以解释为有时间指向的定律所导出的关系。因此,物理状态诸参量数值的一致性便可归结为同一个物理原因作用于仪器的结果。例如,如果在一座房子的不同房间里气压表的指针总是指在同一读数上,我们便可认为这种一致性是由于同一团空气作用于仪器的结果,即是一个共同原因影响的结果。但我们能假定有一些**剖面性的定律**(cross-section laws),这些定律直接同物理实体的同时数值有关,而不能约化为共同原因影响的结果。海森堡在其不确定关系式中所陈述的正是这样一个**剖面性的定律**。

这个剖面性定律具有**可测性有限度**的形式。它说,独立参量的同时数值不能任意精确地测定。我们只能把全部参量中的一半测量到任意要求的精确度;而其余一半就一定不能精确地知道。同时可测的数值之间有一种耦合关系,以致全体数值当中一半数值的测量精确度越大,会使另一半的测量精确度越小,反之亦然。这个定律并非说参量中的一半是另一半的函数;如果一半已知,则另一半在测量前仍然完全未知。但是我们知道,这一测量的精确度是有一定限制的。

这个剖面性的定律导致关于因果性批判的一种特殊说法。如果独立参量的数值不能精确地知道,我们就无法期望对未来的观测作出精确的预言。这时我们只能确定这些观测的统计规律。因此,那种认为在这些统计律的"背后"有着因果律,而这些因果律精确决定着未来观测结果的观念,注定还是一个不能证实的陈述;这个观念的证实与一个物理规律有抵触,就是与上述剖面性定律有抵触。因此,按照物理学解释中公认的关于意义的证实原则,我们必须把因果律是存在的这个陈述看作毫无物理意义的,这是一个空洞的断言,不能转化为观测数据之间的关系。

只剩下一种方法能使因果律的陈述有物理意义。当某些实体的精确数值之间的因果关系的陈述不能得到证实时,我们至少可以尝试性地通过**约定**或**定义**的形式把它们引进来;这就是说,我们可以尝试性地在精确数值之间建立起任意的因果关系。这意味着我们能给测量之外的实体或没有精确测定的实体指定一些确定的数值,使观测结果显得是我们所假定引入的这些数值的因果推论。假如可能这样做的话,我们引入的因果关系就不能用来改进预言;它们只能在我们按照**随后的**因果结构进行了观测之后有用。但是,即便我们希望采取这种方法,那也必须回答这种**在观测数据中插入观测之外的数值以追加因果关系**的做法能否实行的问题。这样的插入尽管是基于约定,但后一问题的答案不能约定,而要取决于物理世界的结构。因此,海森堡不确定原理导致因果律陈述的修正;因果陈述要有物理意义,它就必须表现为这样一个主张:在观测世界中可能追加因果关系。

通过这些考虑，下面的探讨步骤就清楚了。我们首先将说明海森堡的原理，指出它在本质上是一个剖面性的定律，并且讨论为什么必须认为它是有充分经验根据的。然后，我们转向用定义插入观测之外数值的问题。我们将指出，上述问题的答案是否定的；量子力学关系的结构不容许用插入方法追加因果关系。这些结果证明了因果原则绝不能同量子物理相容；因果决定论既不能以一种可证实的陈述形式保留下来，也不能通过在观测数据之间插入观测之外数值的约定形式保留下来。

§2. 几率分布

让我们用一个经典力学的例子来比较仔细地分析一下因果律的结构，然后再转到这一结构由于几率考虑的引入有何变化的问题。

在经典物理中，对于一个无转动或其转动可以不计的自由粒子说来，如果知道它的**位置** q、**速度** v 和**质量** m，则其物理状态是确定的。当然，q 和 v 的数值必须是对应的数值，这就是说，它们必须是同时测得的。我们也可以用**动量** $p=m \cdot v$ 代替速度 v。此外，不受任何外力作用的粒子的未来状态也是确定的；这时速度（因之动量）将保持不变，任何时刻 t 的位置 q 都能算出。如有外力作用，我们也能决定粒子的未来状态，只要这些外力在数学上已知。

如果考虑到 p 和 q 不能精确确定的事实，那就必须用 p 和 q 的几率陈述来代替它们的精确陈述。这时我们引入**几率密度**

$$d(q) \text{ 和 } d(p) \tag{1}$$

对于每个 q 值和每个 p 值,都对应有一个表示此数值将出现的几率。这里所用符号 $d(\ )$ 的一般意义是指某某的**分布**;因此,表达式 $d(q)$ 和 $d(p)$ 是表示不同的数学函数。通常,这些函数所给出 6
的几率不是对等于 q 或 p 的明确值,而是对等于一个微小间隔 dq 或如 dp,使得唯有表达式

$$d(q)dq \text{ 和 } d(p)dp \tag{2}$$

方才代表几率,而函数(1)则称为几率**密度**。这点也能用如下方式表示出来:积分

$$\int_{q_1}^{q_2} d(q)dq \text{ 和 } \int_{p_1}^{p_2} d(p)dp \tag{3}$$

是发现 q 的数值处在 q_1 和 q_2 之间或 p 的数值处在 p_1 和 p_2 之间的几率。

几率分布只能通过一系列的测量来确定,单独一次测量是不能确定它的。因此,所谓测量的精确度,说得确切些就是指我们对某种物理系统进行一类测量的精确度。在这个意义上可以说任何一次测量的目的都是为了确定几率函数 d。d 通常是一高斯函数,它代表一条遵循指数律的钟形曲线(参看图1);此曲线愈陡,表示测量愈精确。经典物理假定每条这样的曲线都能作得任意的陡,只要充分精确地设计和进行测量。在量子力学中这个假定被放弃了,理由如下。

经典物理认为 $d(q)$ 和 $d(p)$ 两条曲线彼此独立无关,量子力学则提出了一个法则说,它们并不如此。这个法则就是 §1 中所说的剖面性定律。其观念是通过一个数学原理表示出来的,按照这个原理,在给定时刻 t,我们能从一个数学函数 $\psi(q)$ 导出曲线

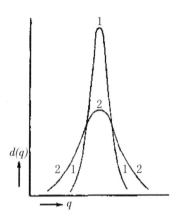

图 1. 曲线 1－1－1 表示 q 的精确测量,曲线 2－2－2 表示其精确较小的测量。两条曲线都是高斯分布曲线,或称**标准曲线**。

$d(q)$ 和 $d(p)$;这一推导的特点在于 $d(q)$ 和 $d(p)$ 两条曲线之间有一定的逻辑联系。两个几率分布凝缩到了一个函数 ψ 中——这是量子力学的基本原理之一。事实表明,用这个原理所确立的两个分布函数之间的联系具有如下的结构:如果一条曲线很陡,另一条就一定很平坦。从物理上说,这意味着 p 和 q 的测量不能彼此无关地进行,容许精确测量 q 的装置一定使 p 的任何一次测量都不精确,反之亦然。

　　函数 $\psi(q)$ 具有波动特征;它甚至是一个复数波,即由复数 ψ 确定的波。这种波是由德布洛意和薛定谔引入的,从历史上说,它的引用可以回溯到光的理论中波动解释和微粒解释之间的斗争。ψ 函数是惠更斯的光的波动论中波动概念的现代子孙;但是,惠更斯的确没有看出他的观念今天在 ψ 函数的玻恩几率解释中所采取的那种形式。让我们暂且不去讨论这种波的物理本性;我们将在下面几节的探讨中去谈这个重要的问题。这一节我们只把 ψ 波看作一个用来确定几率分布的数学工具；这就是说，本节的内容仅限于说明如何从 $\psi(q)$ 导出几率分布 $d(q)$ 和 $d(p)$。

　　我们所要说明的推导就是使给定时刻的曲线 $\psi(q)$ 对等于曲线 $d(q)$ 和 $d(p)$。这就是以后的方程中不出现 t 的原因。要是 $\psi(q)$ 在后一时刻具有不同的形状，函数 $d(q)$ 和 $d(p)$ 也会随之不同。因此，一般地应有函数 $\psi(q,t)$，$d(q,t)$ 和 $d(p,t)$。我们为了方便起见略去了 t。

　　推导方法可表述为两个规则，第一个规则可以确定 $d(q)$，第二个确定 $d(p)$。这里仅就自由粒子这一简单情形陈述这些规则。以后再说明如何向更复杂的力学系推广（§17）。我们先介绍确定 $d(q)$ 的规则。

　　ψ 函数取平方的规则：测得数值 q 的几率按如下关系取决于 ψ 函数的平方：

$$d(q) = |\,\psi(q)\,|^2 \tag{4}$$

　　为了说明确定 $d(p)$ 的规则，需要某些预备数学知识。按照傅里叶原理，任何形状的波都可看成是许多具有正弦波形的个体波之叠加。这是大家在声波中所熟知的。在声波中，个体波称为**基音和泛音**，或**谐音**。在光学中，个体波称为**单色波**，单色波的全体称为**波谱**。个体波用它的频率 ν 或波长 λ 表征，这两个特征量由关系式 $\nu \cdot \lambda = w$ 联系起来，式中 w 是波的速度。此外，每个个体波都具有一个振幅 σ，它与 q 无关，对整个个体波说来是一常量。我们将在 §9 说明傅里叶展开的一般数学形式；对本篇的目的说来，没有必要引入数学写法。

　　傅里叶叠加原理可以应用到 ψ 波上,虽然我们目前没有把这种波看作物理实体,而只是看作数学工具。当 ψ 波是由若干在一
8　定时间内传播的周期性振荡组成时,例如像乐器所发出的声波的情形,傅里叶展开给出的波谱是**分立谱**。例如,乐器的个体波具有波长 λ,$\dfrac{\lambda}{2}$,$\dfrac{\lambda}{3}$,$\dfrac{\lambda}{4}$,…,这里 λ 是基音的波长,其余数值是谐音的波长。如果 ψ 波仅由单独一次沿 q 轴运动的简单撞击所组成,即当 ψ 函数不是周期性函数时,傅里叶展开给出的是连续谱,即个体波的频率不是组成分立系,而是组成连续系。其中每个个体波同样也有一个振幅 σ,它可写成 $\sigma(\lambda)$,因为它与波长 λ 有关,而与 q 无关。

　　正是振幅 $\sigma(\lambda)$ 与动量有联系。我们现在不打算说明导致这一联系的思想路线,它是同普朗克、爱因斯坦和德布洛意的名字分不开的。这个说明可以搁到以后的章节进行(§13)。所以让我们暂时不去追问这个联系**何以**正确的问题,就相信物理学家的权威吧。物理学家说它的确是正确的。因此,我们只要这样说就够了:任何波长 λ 都对应有一个动量,其大小为

$$p = \frac{h}{\lambda} \tag{5}$$

式中 h 是普朗克常数。于是,发现动量 p 的几率便与对应的波长 λ 所属的振幅 σ 联系起来。这表现在如下的规则中。[①]

---

　　①　"谱分解原理"的名称是由德布洛意提出的(*Introduction à l'Etude de la Mécanique ondulatoire*,Paris,1930,151 页)。他在最近一本著作中又采用了"玻恩原理"的名称(*La Mécanique ondulatoire*,Paris,1939,47 页),因为这个原理是由玻恩引入的。至于 ψ 函数取平方的规则,德布洛意所用的名称是"干涉原理":在上述著作中采用的名称是"定域原理"。

谱分解规则：测得数值 p 的几率按如下形式取决于 $\psi(q)$ 的谱分解中所出现的振幅 $\sigma(\lambda)$ 之平方：

$$d(p) = \frac{1}{h^3} \mid \sigma(\lambda) \mid^2 \tag{6}$$

因子 $\dfrac{1}{h^3}$ 是从（5）式所示 p 和 λ 之间的关系得出的。[①]

这两个规则清楚地表明了 ψ 函数所确立的 $d(q)$ 和 $d(p)$ 两个分布之间的联系，因为它们把这两个分布归结到同一个根源。我们以后将证明这种联系不仅限于单粒子的简单情形，对于所有物理情态的分析，量子力学都确立了同样的逻辑模式。每个物理情态都对应有一个 ψ 函数，有关实体的几率分布都取决于上述类型的两个规则。这是量子力学的基本原理之一。下面我们还是回到单粒子的简单情形来解释这个原理的含义。

§3. 不确定原理

可以证明，$d(q)$ 和 $d(p)$ 两个分布之从一个函数 ψ 导出，这一点直接导致不确定原理。让我们考虑一个沿直线运动的粒子，并假定除了直线上某个间隔外函数 ψ 实际上等于零。于是函数 $\mid\psi(q)\mid^2$〔即函数 $d(q)$〕也具有这样的性质；让我们假定 $\mid\psi(q)\mid^2$ 是一高斯曲线，如图 2 所示。曲线的形状意味着我们不能精确知道粒子的位置；实际上可以肯定粒子的位置处在曲线显著异于零的

---

① 从数学上说，这个因子相当于 §9,(22)式中引入的密度函数 r。h 三次方的出现是由于下一事实：我们假定波是三维的。

间隔之内,但对这个间隔之内的给定一点而言,我们只知道粒子有确定的几率处在该点上。当然,上图只代表给定时刻 t 的情况;在以后时刻,粒子运动到右边,这时我们有一类似的曲线,但其位置移向右。[①]

现在让我们应用谱分解原理。这一分解其实要应用到复函数 $\psi(q)$ 上,而不是应用到图中的实函数 $|\psi(q)|^2$ 上。但是为了研究分解的数学关系,我们先把它用到图中的实函数上;然后再把结果转用到复函数情形。

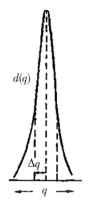
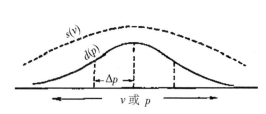

图 2. 位置 q 的分布, 取高斯曲线形分布。

图 3. 虚线表示图 2 中曲线直接的傅里叶展开。 虚线是通过 ψ 函数的傅里叶展开画出的,从这 ψ 函数可导得图 2 中的曲线 $d(q)$;实线表示对应于 $d(q)$ 的动量分布 $d(p)$。

傅里叶展开就是用无限多个个体波构成图 2 中的曲线。其中每个个体波都是一个无限长的纯谐波,即其振荡为正弦形,并且沿

---

① 曲线形状也会逐渐变化。但这并不影响我们目前的讨论。

整个无限长的直线扩展。但它们的振幅各有不同。最大振幅相应于某个平均频率 ν_0；当频率大于或小于 ν_0 时，振幅都较小，而在 ν_0 两端一定范围之外个体波的振幅实际上等于零。让我们把这个振幅显著异于零的范围称为实际范围。上述性质的谐波波群也称为波包，因为所有这些谐波叠加的结果产生一个如图 2 所示的包状体。

现在，傅里叶分析中有一个定理说，谐波波包的实际范围当图 2 中的曲线较陡时是大的，而当此曲线平坦时则是小的。我们可用图形来说明这点，作图时把频率 ν 画作横坐标，把傅里叶分析中相应的振幅 $S(\nu)$ 画作纵坐标，图 3 中的虚线就是这样画出的。我们这里选用了符号 $S(\nu)$ 表示实函数 $d(q)$ 或 $|\psi(q)|^2$ 的这些傅里叶展开振幅，以便区别于复函数 $\psi(q)$ 的傅里叶展开振幅 $\sigma(\nu)$。在我们的情形下，因为已假定曲线 $d(q)$ 是高斯曲线，故 $S(\nu)$ 也是高斯曲线，但其形状平坦得多[①]，如图 3 中虚曲线所示。这是上述定理的例证；一般可以证明，图 2 中的曲线愈陡，图 3 中虚曲线便愈平坦，反之亦然。因此，原来的曲线形状和表示其谐波分析的曲线形状之间具有反比性相关关系。我们把它称为**谐波分析的反比性相关律**。

关于这个定律，我们可以在无线电发送方面的某些问题中找到一个有启发性的例证。当无线电发送机发出的波不载有任何声

---

① $S(\nu)$ 的最大值位于 $\nu=0$ 处，曲线对正负频率 ν 是对称的。这是由于下一事实所致：我们已假定曲线 $d(q)$ 是高斯形曲线。对曲线 $d(p)$ 不存在这个限制，因为函数 $\psi(q)$ 不取决于 $d(q)$，而有很大的任意性；因此，$d(p)$ 的最大值可以位于任一频率值 $\nu=\nu_0$ 处，或相应地位于任一动量值 p 处。

波时,它便是纯粹的正弦波,具有确定的频率。但是,当它被**调制**时,即当它的振幅跟随外加声波的强度而变化时,它就不再表现有明确的频率了,而是表现有一个频谱,频率在一定范围内连续地变化。这个范围由声频的最高限度决定。结果,具有尖锐共振系统11 的接收器便只从发来的波中挑出一个狭窄的波域;因此它将使较高的声频降低,并以畸变的形式把发来的音乐转播出去。另一方面,如果接收器的共振曲线足够平坦,以致能高度真实地转播音乐,那么,接收器就不足以把两个发射波长相近的无线电台分辨开来。这里,反比性相关原理表现在如下的事实中:高度真实性和高度选择性不可能在接收器的同一次调整中统一起来。

如果用上述看法来考虑确定粒子动量的几率分布问题,那就有些复杂了,但其结果原则上不变。如前所述,我们不应把动量的谱分解应用到图 2 中的几率曲线 $d(q)$ 上,而要用到复函数 ψ 上,通过 ψ 函数取平方的规则即可由此函数导得几率曲线。然后,必须把 ψ 函数的动量谱分解中所得谐波的复数振幅 $\sigma(\nu)$ 按照谱分解规则取平方。只有通过复数领域借助这一迂回的方法,我们才可以得到动量的几率分布,如图 3 的实线所示。这个曲线也和虚线一样,是一条比较平坦的高斯分布曲线,当然并不那么十分平坦。但我们能证明,反比性相关律对于 $d(q)$ 和 $d(p)$ 两条曲线也是成立的。因此我们说,这是**动量和位置的几率分布的反比性相关律**。

更明白地说,这个反比性相关关系要作如下的理解。当我们仅仅给定曲线 $d(q)$ 时,曲线 $d(p)$ 是不确定的;它可以有各种不同的形式,这要看导出 $d(q)$ 的函数 $\psi(q)$ 的形状如何。但是,图 3 实曲线所代表的 $d(p)$ 的陡峭程度有一限度。假如 $d(q)$ 是从另一个

ψ 函数而不是从该图所假定的 ψ 函数导出的话,所得的曲线 $d(p)$ 只能更平坦些。这个一般定理无需进一步涉及在给定的物理情态下如何实际确定函数 $\psi(q)$ 的问题便能成立。后一问题的解答需要量子力学的数学工具,必须留待以后的章节进行(§20)。

我们说过,对单粒子得到的结果可以推广到所有的物理情态。现在我们把 q 和 p 之间的区别推广到一般情形,把它看成是**运动学参量和动力学参量**之间的区别。因此我们一般地有**运动学参量和动力学参量的反比性相关律**。这个反比性相关律所采取的形式就是不确定原理。不确定原理的普适性可从下一事实推知:无论怎样的物理情态,我们关于它的观测知识都被概括在 ψ 函数中。

反比性相关律也能推广到**时间**和**能量**两个参量上。这一推广的意义可阐明如下。时间的测量类似于位置的测量。当我们说粒子的位置是 q 时,意思是指粒子在给定时刻 t 的位置;反过来,我们可以问粒子将在什么时刻 t 位于给定的空间点 q 上。这个 t 的数值只能以一定的几率决定下来,所以我们可以类似于 $d(q)$ 那样引入几率分布 $d(t)$。同样,我们引入几率函数 $d(H)$,它表示粒子将具有一定能量 H 的几率。H 和谐波的频率通过普朗克关系式联系起来:

$$H = h \cdot \nu \tag{1}$$

它对应于 §2 的(5)式;所以几率 $d(H)$ 由谱分解原理确定。因此,同曲线 $d(q)$ 和 $d(p)$ 一样,$d(t)$ 和 $d(H)$ 两条曲线也遵从反比性相关原理。因此我们可将时间归入运动学参量的范畴,把能量归入动力学参量的范畴。这样,一般的运动学参量和动力学参量之间的反比性相关律也就包括时间和能量的反比性相关律了。

　　使用**标准偏差**的概念还可以把这个一般的相关律表述成稍微不同的形式。令 q_0 表示 q 的平均值,即当曲线 $d(q)$ 达到最大值时横坐标的值;再令 Δq 为标准偏差。于是曲线和横轴之间的面积即被纵坐标 $q_0-\Delta q$ 和 $q_0+\Delta q$ 这样地分割开来(画在图 2 中),以致将近有 $\dfrac{2}{3}$ 的总面积位于这两个纵坐标之间。几率论中已经证明,这个比值与高斯曲线的形状无关。因此,在区间 $q_0\pm\Delta q$ 内发现数值 q 的几率近似地等于 $\dfrac{2}{3}$。由于这些性质,Δq 这个量便可作为高斯曲线陡峭程度的量度,因而可以用来表征测量的精确性。如果标准偏差很小,测量便是精确的;如果很大,测量便是不精确的。在图 2 和图 3 中,曲线 $d(q)$ 和 $d(p)$ 各自所属的标准偏差 Δq 和 Δp 都表示在坐标轴上。现在我们能证明,在这种曲线的情形下,即在它们都是从同一个 ψ 函数导出的情形下,下列关系是成立的:

$$\Delta q \cdot \Delta p \geqslant \frac{h}{4\pi} \tag{2}$$

式中 h 是普朗克常数。对于时间和能量来说,我们有相应的关系式

$$\Delta t \cdot \Delta H \geqslant \frac{h}{4\pi} \tag{3}$$

不等式(2)和(3)都是海森堡所确立的不确定原理的形式。(2)式表示位置测量和动量测量具有反比性相关关系,它说明:q 的标准偏差愈小就意味着 p 的标准偏差愈大,反之亦然。(3)式说明 Δt 和 ΔH 之间具有相应的关系。这些关系式同时也说明了常数 h

的意义。因为 h 的数值极其微小，所以不确定性仅仅对于微观领域里的观测才是显著的；在微观领域里，不确定性不能忽略不计。经典物理的情形相当于假定 $h=0$。

关系式(2)可采取如下方式来解释：当粒子的位置很确定时，动量就不是明确确定的，反之亦然。(3)式也可以采取类似的方式解释。这种解释方式说明：运动学参量和动力学参量之间的这个剖面性质的反比性相关律，表示可测性有限度。

现在我们要来回答前面提出的问题，即：这个剖面性的定律是否合理。如果量子力学的基本原理是正确的话，不确定原理就一定成立，因为它是这些基本原理的逻辑后承。此外，它也一定对所有的物理情态都成立，因为，它可以从 ψ 函数取平方的规则和谱分解规则直接导出，无需考虑 ψ 函数的任何具体形式。因此，合理与否的问题便归结为量子力学基本原理是否有效的问题。现在，这些原理当然都是经验性的原理，没有一个物理学家宣称它们是绝对真理。但人们能够宣称它们是经过多次考验确立了的理论真理，因为可测性有限的一个结论是观测数据之间的一切关系都得限于统计关系，所以我们可以说：既然**物理学家有权坚持他们的任何一个基本定理，他也就同样有权利断言：对未来的可预言性是有限度的**。我们可以加上一句：用给定的观测决定过去的情况也受到同样的限制，因而我们还要说，**推测过去也是有限度的**。

时常有人说，量子力学已经在数学上证明了可预言性是有限的。这个说法只是在下述意义上才能有合理的含义：数学上可以证明，从量子力学的基本原理能导出上述的限度。不确定原理是个经验陈述；数学上所能说的有利于它的话只是：它得到了量子

力学基本原理借以建立起来的那些证据的支持。但这却是极其有
力的证据。

　　我们有时遇到一种反对意见说,量子力学规律也许仅仅是对
某种参量成立;今后的科学发展可能找到其他参量,而对这些参量
说来,测不准关系可能不成立;新参量也前能使我们作出精确的预
言。从逻辑上说,我们不能否定这种可能性。例如,今后也许能够
把新参量的测量同运动学参量的测量这样地结合起来,使得我们
能预言动力学参量的测量结果。于是运动学参量和动力学参量之
间的反比性相关律在不用新参量的情况下仍然会对旧参量成立;
但当我们用新参量来对物理体系进行分类时,反比性相关律在这
样建立起来的物理系统里即便对旧参量也绝不会再成立了,因此
我们可以精确地预言它们的数值。换言之,这会意味着我们能根
据经验确定一类物理系统,对于这类系统说来,控制其参量的统计
关系不能用若干 ψ 函数表示出来[①]。

　　在这样的情况下,量子力学就会被认为是科学的统计部分,嵌
入在一门具有因果特色的普适科学中。如前所述,尽管我们不能
举出逻辑上的理由否认物理学可能有这样的进展,而且某些杰出
的物理学家也相信有这种可能性,但我们无法找到有利于这一假

14

----

　　① 我们采用了"用若干 ψ 函数表示出来"的说法,以便同时包括纯粹系统和混合
系统两种情形;参看 §23。冯·诺伊曼在其 *Mathematische Grundlagen der Quanten-
mechanik*(Berlin,1932,160—173 页)一书中曾证明,"隐参量"是不可能存在的。但这
个证明是基于如下的假定:用 ψ 函数表示的量子力学定律对于一切种类的统计系统都
有效。如果量子力学的不确定原理遭到非议,这个假定也同样会靠不住。因此,冯·
诺伊曼的证明并不排斥我们在正文中所说的情形。它只是说明,隐变量的假定与量子
力学定律的普遍有效不相容。

定的经验证据。如果已经确立了一个物理原理,能把全部已知的实体都包括在内,那似乎就有理由假定它是普遍成立的,没有一类未知的物理实体不符合这个原理。这种从**全部已知的实体**归纳到**全部实体**的推理,一直被公认为合理的。用 ψ 函数描述全部物理情态的原理就是一个经过多次考验确立了的原理,虽然,量子力学的确还面临着许多没有解决的问题,而且可能要经受重大的修正,但是丝毫没有迹象表明 ψ 函数的原理将被放弃。因为测不准关系和预言的有限性是直接从 ψ 函数的原理推出的,所以我们必须认为这些定理也同物理学中所有其他的一般定理一样,它们的普通论断是有充分根据的。

§4. 客体受观测的干扰

现在我们转到量子力学哲学所面临的第二个主要争端进行探讨,那就是关于观测之外客体的解释问题。这个问题最早的答案表现在如下的陈述中:客体受观测工具的干扰。海森堡是结合着他的不确定原理的发现而看出这个特点的,他用它来解释这个原理;他主张一切测量的不确定性都是由于观测工具的干扰。

这个陈述曾经引起了一场哲学讨论的高潮,有些哲学家,还有些物理学家,认为海森堡的陈述乃是知觉主体影响其知觉对象等传统哲学观念的物理证实。他们反复地提到这个观念,以为在海森堡原理中可以看出这样的陈述:主体不能同外界严格分离开来,主客体之间的界线只能随意划定;或者说,主体在知觉活动中创造出客体;或者说,我们看到的客体只是表观的事物,而事物本身则

是人类知识永远把握不住的；或者说，自然界中的种种事物在它们
能够进入人的意识之前一定随某些情况而变化了，等等。我们不
能同意这类哲学神秘主义的说法，其中任何一种说法在量子力学
中都是没有根据的。正像其他的物理学部门一样，量子力学所研
究的也无非是物理事物之间的关系；量子力学的全部陈述无需引
入观测者便能作出。观测工具的干扰——这肯定是量子力学所断
言的基本事实之一——完全是一个物理事件，在任何方面都不涉
及作为观测者的人所发生的影响。

下面的探讨可以澄清达一点。我们可以用物理仪器代替观测
者（例如用光电池等），这些仪器把观测结果记录下来，呈现为写在
字条上的数据。因此，观测的活动就在于阅读那些写在纸上的数
字和符号。因为进行阅读的眼睛和纸之间的相互作用是一个宏观
事件，所以在此过程中观测的干扰可以忽略不计。由此可见，我们
关于观测工具干扰所能说的全部东西，一定是可以从纸条上的语
言符号推断出来的东西，因而也一定是可以用物理仪器及其相互
关系来陈述的东西。我们不要错用了量子力学，企图兴起一场哲
学空谈，那是不符合物理语言的明晰性和精确性的。量子力学的
哲学问题只能根据科学的哲学得到解答，这种哲学已经通过科学
的分析和符号逻辑发展起来了。

在爱因斯坦相对论的讨论中，曾经有过一段类似的时期，把时
间和运动的相对性归之于观测者的主观性。后来的分析表明，时
空陈述之依赖于参考系是与任何人的感觉深处毫无关系的，而是
表示物理世界中各种描述所牵涉的定义的任意性。我们将看到，
这个解答也适用于量子力学问题，虽然这里的情况甚至比相对论

里的情况更为复杂。区别在于量子力学中除了定义的任意性之外 16
还有预言观测结果的不确定性，这个特点在相对论里是没有什么
东西和它类似的。

我们的分析必须从修正后的海森堡的陈述开始：预言的不确
定性是观测工具干扰的后承。我们不认为这样说是正确的，虽然
观测的确有干扰，而且这个原理和不确定原理之间也的确有一种
逻辑关系。这个关系倒是要反过来说，那就是：不确定原理蕴含着
客体受观测工具干扰的陈述。

如果说预言的不确定性根源于观测仪器的干扰，那就意味着
只要观测发生不可忽略的干扰，预言就一定是有限度的。经典物
理的事实说明这是不正确的。在经典物理的许多情况中，测量仪
器的影响不能忽略，但仍有可能作出精确的预言。处理这些情况
的方法是建立一种物理理论，使它考虑到测量仪器的理论。当我
们把温度计插入一杯水中时，我们知道水温会由于温度计的插入
而改变；因此我们不能认为温度计上指示的读数就是水在测量前
的温度，但我们必须把这个读数看成一个观测事实，仅仅借助推理
就能从它定出原来的水温。只要考虑到温度计的理论，这些推理
就能完成了。

这个逻辑程序为什么不能用到量子力学的情形上呢，海森堡
会证明，为了精确地决定粒子的位置，需要使用波长很短的光波，
就是说，这些光波带有较大的能量子，粒子受到它们的碰撞后速度
要发生变化，因此这个实验不能测定粒子的速度。另一方面，如果
我们想决定粒子的速度，那就必须使用波长很长的光波，以便不使
待测的速度发生变化，但这时我们将不能精确地确定粒子的位置。

可是,如果在用光线照射粒子的观测中产生了碰撞,把粒子抛出它的路径的话,我们何以不能建立一种理论,使我们能从观测的结果出发借助于推理获知粒子原来的速度是多大呢? 这里正是海森堡的剖面性定律妨碍我们这样做。这个原理就是,无论观测结果如何,位置和动量的相应分布都一定可以从 ψ 函数导出,所以一定是反比性相关的。因此,位置的测量牵连到这样一类物理过程:相对于这类过程的观测结果说来,速度分布是一条比较平滑的曲线。这就是我们不能在上述实验中精确确定粒子速度的原因。因此,观测的干扰和不确定性之间的关系必须陈述如下:观测的干扰使得所考虑的物理实体不能直接用测量来确定,而需要用物理定律进行推理;因为这些推理不得不用到 ψ 函数,所以它们要受不确定原理的限制,因而我们不可能作出精确的确定。以上系统的解述澄清了这样一点:观测干扰本身并不导致观测的不确定性。只是同不确定原理结合起来,它方才如此。[①]

由于这些异议,海森堡的原理时常被人表述成如下的意义:我们关于物理状态不可能有精确的知识,因为观测以**不可预言的方式**发生干扰。这种形式的陈述是对的;但这时不能再认为它就是不确定原理的证实。它是在**陈述**这个原理,并没有**提出它的理由**。而我们知道,"以不可预言的方式发生干扰"。不过是自然界中一

17

----

① 不确定原理的根源不是客体受观测的干扰,这一点的数学证明将在以后给出(§22)。干扰本身并不导致不确定性的想法首先是由作者在" *Ziele und Wege der physikalischen Erkenntnis*" 中指出的(*Handbuoh der Physik* ,第四卷,Geiger Scheel 编,Berlin,1929,78 页)。济尔色也提出过同样的观念(*Erkenntnis* **5**,1935,59 页)。测不准原理的精确表述需要有一个限制,这将在 § 30 中说明。

般的剖面性定律的特例,这个定律指出全部有效的物理数据之间存在着反比性的相关关系。测量仪器发生干扰并非因为作为观测者的人使用了它,而是因为它是一个物理事物,同所有其他的物理事物一样。物理定律对测量仪器并不表现例外;在导致参量同时数值的推理中存在着一般的限制,其中包括要考虑测量仪器的影响。我们正是要用这种形式来陈述客体受观测工具干扰的原理。

然而,这只是分析客体受观测干扰的第一步。到目前为止,我们一直认为我们当然知道观测干扰客体的说法是什么意思。为了深入一步理解这里所牵涉到的关系,我们首先必须建立起这个说法的精确表述。

§5.观测之外客体的确定

当我们说客体受观测的干扰时,或者说观测之外的客体不同于观测到的客体时,首先对观测之外的客体要有一定的知识;否则我们的陈述就会毫无根据。因此,在分析量子力学特殊情况之前,必须一般地讨论一下我们关于观测之外事物的知识问题。当我们没有去看事物时,它们是怎样表现的呢? 这就是我们所要回答的问题。

时常有人说,这专门是量子力学中的问题,对于经典物理说来,这个问题是不存在的。然而,这是对问题性质的误解。即便在经典物理中,我们也要解决观测之外事物的本性问题;而且,只有在经典物理的基础上正确地解决了这个问题之后,才能回答量子力学中的相应问题。在这两种场合,表述答案的逻辑方法是相同的。

让我们从一个例子开始来分析。假定我们看到一棵树,然后我们把头转开去。我们怎样知道这棵树在我们不去看它时仍旧在它的位置上呢? 如果我们回答说,我们可以轻而易举地把头转向这棵树,从而"证实"它并没有消失,这是无济于事的。这样证实的只是:当我们去看它时它总是在那里;而这并不排斥如下的可能性:当我们不去看它时它总是消失了,只是在我们把头转向它时,它才又重新出现。我们可以作后一种假定。按照这个限定,观测使客体发生了某种**看起来似乎**没有任何变化的变化。我们无法证明这个假定是错误的。如果认为别人在我们不去看这棵树时可以看到它,因而可以证实它没有消失,那我们就可以把上述假定仅限于应用到无人去看它的场合,从而认为任何人去看它都有使它再现的能力。如果认为我们可以根据某些结果推知树的存在,而这些结果哪怕在我们不去看树的时候仍能观测到,例如根据树的影子,那我们可以回答说,我们可假定光学定律有这样一种改变:即使没有树,那里也有一个影子。因此这个论据只是证明,关于观测之外的客体存在或不存在的假定同我们在这两种情况下关于自然规律的假定有关。

如果认为我们不去看树的时候树并没有消失的假定有其归纳证据,或者认为这个假定至少是一个极其可能的假定,那也会是错误的。这种归纳证据绝不存在。我们不能说:"我们经常看到观测之外的树是不变的,因而可以假定这点永远正确"。这个归纳推理的前提不真,因为事实上我们从来也没有看到过一棵观测之外的树。我们看到的永远是,当我们把头转向树时,树在那里;从这类事实可以归纳推论说,当我们去看树时它总会在那里,但是归纳推理的方法绝不能从这些事实中得出结论说有一棵观测之外的树。因此我们甚至不能说,观测之外的客体至少是有可能依然如故地存在着。

我们倾向于放弃上述看法,而认为它们是"毫无意义的",因为事情看来是如此之明显:树不是由观测产生的。可是这个答案还 19 没有解决问题。正确的答案需要深入一步的分析。

我们必须认为观测之外客体的真正描述不止有一种,而是有**一类等价的描述**,所有这些描述用起来都同样的好。这些描述的数目没有限制。例如我们不难引入一个假定,按照这个假定,每当我们不去看树的时候它便分裂为两棵;这个假定是容许的,只要我们相应地修改一下观测之外事物的光学,使得两棵树只产生一个影子,另一方面我们可以看出,并非一切描述都是真的。例如要是说有两棵观测之外的树,**同时**又说普通的光学定律对它们也成立,那就是假的。由此可见,关于观测之外事物的陈述方式是比较复杂的。观测之外事物的描述必须划分为**容许的**描述和**不容许**的描述;每种容许的描述可以称为真描述,每种不容许的描述则应称为假描述。在研究观测之外事物的一般特征时,我们不要企图寻找**一种**真描述,而要考虑整类的容许描述;观测之外事物的本性就表现在这整个一类描述的性质中。

在经典物理的场合,这一类描述中包括满足如下两个原则的一种描述:

1)**不论客体是否被观测,自然规律是相同的。**

2)**不论客体是否被观测,客体的状态是相同的。**

让我们把这个描述体系称为**正常体系**。它就是我们通常所认为的

"真"体系。我们看到,这样解释是不对的。但我们可以作如下的陈述。当一类描述包含正常体系时,其中每种描述都和正常体系等价。因此,如果现在在这一类描述中考虑一种不合理的描述,譬如说一棵树每当我们不去看它时便分裂为两棵,这些反常情况就毫无妨害了。这些反常性的产生是由于使用了不同的语言,其实整个描述是和正常体系的描述相同的。这就是我们选择正常体系作为常用的唯一描述的理由。

在日常生活的语言中,当我们说观测之外的客体有其归纳证据或者否认它们有变动的时候,总是暗中假定我们约定要使用正常体系。当我们说我们的房子即使我们不在里面也仍然处在它的位置上时,暗中就含有这个约定;当我们说魔术师在把箱子锯成两半的时候小女孩并不在里面时,暗中也含有这个约定,虽然在这之前,我们曾经看到小女孩在箱子里、正是由于有了这个约定,通常关于观测之外事物的陈述才是可以检验的。科学的语言中也采用这个约定;它大大简化了语言。但我们必须认识到,这样选用语言具有定义的特征,正常体系的简单性不能使得它比其他体系"更真实"。它们只在所谓**描述的简单性**方面有差异①,就像我们在比较米制和码-吋制时所看到的那种差异。

指明一类描述中包括正常体系就是指明了整个的类。我们可以用微分几何中的一个例子来说明如何能借助于指明正常体系之存在以指明一个类的性质。曲面的性质可以通过坐标系及其性质

---

① 参看作者的 *Experience and Prediction*(Chicago,1938),§42。描述的简单性不同于归纳的简单性;后者涉及预言的种种差异。

来指明。例如,指明如下一点即可表征球面:在它上面不可能引入一个占据很大面积的正交直线坐标系。这只对无限小的面积才有可能;就是说,在微小的面积上能够近似地引入正交直线坐标,其近似程度随面积的减小而增进。但对平面说来,我们可以引入占据整个平面的这种坐标系。可是在平面上无须使用这种"正常的"坐标系,因为任何一种曲线坐标用起来可以同样的好;而这个正常坐标系**存在**的事实,就把平面上可能的坐标系所组成的类同球面上相应的类区别开来了。

爱因斯坦的相对论是等价描述类理论的经典应用领域,对它可以采取同样的考虑。每种参考系,包括运动状态不同的参考系在内,都可以提供完全的描述,因此参考系的类对应有等价描述的类。如果在此参考系的类中包括一个符合特殊相对论规律的参考系,我们就说该空间没有"实在的"引力场。这是真的,虽然我们可以在这个空间中引入不合理的参考系,使之包含赝引力场;它们所以是赝引力场,因为它们可以"变换掉"。[①]

§6. 波和微粒

当我们从这些一般探讨转向量子力学时,首先要弄清楚可观测事件和不可观测事件的含义。如果从严格认识论的意义来使用"可观测的"这个词,那就必须说,任何量子力学事件都不是可观测的;量子力学事件全部是从宏观材料推断出来的,宏观材料构成了

[①] 参看作者的 *Philosophie der Raum-Zeit-Lehre*（Berlin, 1928）, 271 页。

人的感官所能观测的唯一基础。但是，有一类事件可以如此轻易地从宏观材料推断出来，以致能把它们看成是广义可观测的。这里指的是一切发生于巧合中的事件，例如电子与电子之间的巧合，电子与质子之间的巧合，等等。我们把这种事件称为**现象**。现象和宏观事件的因果联系比较简单；所以我们说，它们能用仪器"直接"证实，例如用盖革计数器、照相乳胶、威尔逊云室等等。

于是，凡是在巧合事件之间发生的事件，我们都认为是不可观测的事件，例如电子的运动，光线从光源发出直到同物质发生碰撞之间的运动。我们把这类事件称为**中间现象**。这种事件要通过复杂得多的推理过程引进来；它们采取插入于现象世界的形式发生，因此现象和中间现象之间的区别可以看成是观测到的事物和观测之外事物之间的区别的量子力学模拟。

现象的确定实际上是不含糊的。更正确地说，这意味着在我们从宏观材料推断现象的推理中，仅仅用到经典物理规律；因此现象和经典物理中观测之外的客体是在同一意义上确定的。我们可撇开经典物理中观测之外事物的问题不谈，它同我们的目的无关，而认为现象是能证实的事件。中间现象就不同了。中间现象只能在量子力学规律的框架内引入；正是由于这一点，使得不确定原理具有某些不明确之处，这表现在波动–微粒的二象性中。

自从牛顿和惠更斯的时代起，光和物质的理论史一直表现为微粒解释和波动解释之间的不断斗争。到十九世纪末叶，这个斗争达到了一个似乎已经实际解决了问题的局面；光和各种电磁辐射被看成是由波所组成的，而物质则被认为由微粒所组成。普朗克量子论的进一步发展给这个概念带来了一次严重的打击。爱因斯坦在其针尖辐射的理论中证明了[①]，光线的行为在许多方面表现得和粒子一样；后来，德布洛意和薛定谔提出了他们的观念，按照这些观念，物质粒子总是伴随着波。接着，戴维苏和革末又从实验上证明了电子的波动性，这种实验在早先十多年曾由劳埃用 x 射线做过，当时认为它是 x 射线并非由粒子组成的确定证明。这些结果看来重新掀起了波动概念和微粒概念之间的斗争，物理学似乎又一次在两个矛盾概念的面前处于左右为难的境地，其中每 22 个概念似乎都是同样可以证明的。一种实验似乎要求波动解释，另一种实验似乎要求微粒解释；而且，尽管两种解释有着明显的矛盾，物理学家还是显示出了一定技巧：有时采用一种，有时采用另一种，而幸运的结果是，就我们所能证实的材料而言，这样做从来也没有同事实发生过任何矛盾。

玻恩曾经尝试使这两种解释一致起来。他提出一个假定说：波并不代表在空间中扩展的一种物质场，而只是一个数学工具，用来表示粒子的统计行为的；在这个概念中，波是表述粒子实验中的几率的。我们在§2采用的就是这个解释。但事情表明，两种解释的这一巧妙结合甚至不能无矛盾地贯彻到底。我们将在§7中描述某些实验，它们并不符合玻恩的概念。另一方面，这个概念已被量子物理所采纳，以致构成了微粒解释的确定形式。一说到微粒，那就一定是假定它们受**几率波**的控制，即遵从用波表述出来的几率律。这就出现了解释的二象性：按照波动解释，物质由波所组成，而按照微粒解释，物质是由几率波控制下的粒子所组成。因

---

①　这里是指爱因斯坦的光子理论。——译注

此,就波这方面来说,两种解释之间的斗争相当于如下一个问题:波是具有**事物的特征**还是具有**行为的特征**,也就是说,它们本身就是物理世界的终极客体,抑是原子性粒子是物理世界的终极客体,而波仅仅是这些客体的统计行为的表现。

玻尔在其**并协原理**中对这种情况的估计来了一个决定性的转变。并协原理说,波动观念和微粒观念都可以使用,永远不可能证实一个是真的另一个是假的。这种不可辨别性已被证明是不确定原理的后承,这个结果似乎是打开一扇大门的锁钥,通过它可以摆脱我们在两个有同样证据的而又有矛盾的概念上的左右为难。矛盾是消失了,因为可以证明,它们仅限制于解释不确定的事件;因此它们是不容证实的。

尽管我们想把玻尔-海森堡的这个解释看成是最后的正确解释,但在我们看来,这个解释所采取的陈述形式并没有充分阐明它的基础和含义。凡是要求把物理理论当作自然界的完全描述的人,都会感到上述的形式是不自然的;通往这个目的地的道路看来不是被硬性的规定所堵塞住——规定我们不许提出某类问题,就是仅仅对某些模糊的图像才畅通,而不要求它们是实在的充分表现。在我们看来,这种情况与其说是由于量子力学对问题的解释有错误,倒不如说是由于经典物理对相应的问题解释有错误,人们一直没有看到经典物理全部的逻辑复杂性。下面的探讨将试图对这些问题作出解答,我们大致遵循玻尔和海森堡的观念,但在我们看来,我们的探讨避免了这些观念中不能令人满意的部分。

在我们的分析中,将采取朗德所发展的形式来表述玻尔和海森堡的观念。[①] 朗德用如下形式陈述了波动微粒两种解释的二象性。如果说某些实验要求波动解释，另一些实验要求微粒解释，那是不正确的，这种说法表示玻尔－海森堡理论以前事情的局面，它是不容许的，因为它会使物理理论有矛盾。相反，我们必须说，**一切**实验都能同时用**两种**解释来说明。我们绝不可能设计出一个实验，同其中一种解释不相容。

如果把这种表述方式和我们关于等价描述的理论结合起来，并且使用前述的术语，那就可以把朗德的概念陈述如下。给定一个现象世界，可以采取不同的方式引入中间现象的世界；因此便得到中间现象的一类等价描述，其中每种描述都是同样真实的，它们都属于同一个现象世界。换言之，在世界的等价描述类中，中间现象随着描述的不同而不同，而现象则是这个类中的不变体。这样，描述的任意性便从现象世界中消除了，它仅限于中间现象的世界；但对于中间现象的世界而言，这种任意性并无妨害，因为我们知道，经典物理在描述观测之外的事物时也有同样的任意性。观测结果不能有任何明确的添加；观测之外的数值只能通过等价描述类插入。

让我们从这个结果转到如下的问题：量子力学中的等价描述类是否包含正常体系；也就是说，是否包含一种描述，它满足 31 页上所提的两个原则。事情很明显，一切描述都违反第二个原则，因为客体总要受到观测的干扰。所以我们要修改正常体系的定义，

---

① 　A. Landé, *Principles of Quantum Mechanics* (Cambridge, England, 1937).

仅限于要求它至少要满足第一个原则。[①] 因此,问题必须采取如
24 下的提法:是否存在一种广义的正常体系? 也就是说,是否存在一
种至少满足第一个原则的描述体系?

　　不要以为通过哲学探讨就可以假定正常体系的存在。我们不
容许有任何**综合先验的原则**(synthetic a priori principle),不容许
只有逻辑内容而物理理论一定要满足的原则。正常体系是否存在
的问题只能靠经验来回答。如果存在这样的体系,那就说明中间
现象世界的结构比较简单;否则就说明这个世界比我们可能想象
的更复杂。但我们绝不可以认为这个问题毫无意义而拒绝问答
它,或者把注意力引到问题的其他方面而避免回答它。在量子力
学基础上所能构成的中间现象世界的一般性质,就表现在我们对
这个问题所给出的答案中。

§7. 干涉实验之分析

　　为了找到正常体系是否存在的问题答案,让我们来分析一些

---

　　① 　泡利教授曾提醒我注意如下的事实:即使在经典物理中,正常体系的引入也很
可能违反第二个原则。当我们看到一个物体时,产生观测的事实就是光线进入了人眼
的视网膜;但是在此过程中,光线被吸收了,从而在同观测媒介的相互作用中发生了改
变。因此,从物理上说,物体不受观测干扰这一陈述乃是在观测不满足第二个原则的
基础上靠推理得到的。不过从心理上说,这并不正确,因为这个推理是通过心理机制
自动完成的;眼睛是激发语言的尺度。这就是为什么经典物理在保留第二个原则的情
况下解释"观测"这一术语仍显得是一个得当做法的根据。如果经典物理也把第二个
原则取消,那同样是可能的。这相当于我们的观点:在量子力学中第二个原则的放弃
是不大要紧的,我们可以定义一种广义的正常体系,使之包括违反第二个原则的情况
在内。表示正常体系之条件自身(Conditie sine qua non)的,乃是第一个原则。

实验,这些实验对各种逻辑情况说来都可以看成是典型的实验。
首先,让我们考虑一个光阑(图 4),上面有一狭缝 B,光辐射、电子

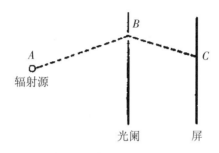

图 4.　辐射在狭缝 B 处衍射

或其他物质粒子可以通过狭缝向一个屏上运动。这样就会在屏上
得到干涉图案。但我们知道,当实验使用的辐射强度很低时,屏上
不是马上得到整个图案,而是得到一个个的闪光,它们位于十分确
定的区域内,例如位于 C 点。这些闪光是能证实的,譬如说,在 C
点用盖革计数器来证实。如果让实验继续进行一定时间,那么,一
个接一个出现的闪光就会按照上述的干涉图案来分布;在屏上置
一照相底片就会显示出这一个个闪光的总和。

　　这个实验中的现象就是屏上的单个闪光;此外,实验中的宏观
物体有辐射源,光阑和屏。让我们来问:这里能用插入法引入何种
中间现象。首先,我们可以用微粒解释。[①] 这时我们就说从辐射
源发出的是一个个粒子,它们沿直线运动,如图 4 所示;这些粒子
在 B 处遭到光阑物质中的粒子给于它们的碰撞或其他形式的相

25

---

　　① 　用微粒解释描述这个实验的方法,在朗德的 *Principles of Quantum Mecha-
nics*(Cambridge, England, 1937),§9中有所介绍。

互作用。这就使得它们的路径有所改变。这些碰撞遵从某种统计规律,使得屏上的若干部分经常被击中,另一些部分不经常被击中。因此,照相底片上的干涉图案可以指示出粒子在 B 处发生碰撞并通过 B 的几率分布。当然,从源 A 还发出其他粒子;但当它们到达狭缝 B 以外光阑的其他地方时,它们即被吸收或反射,因而不会出现在屏上。

在此解释中,离开源 A 的粒子将有一定的几率

$$P(A, B) \tag{1}$$

到达 B,而离开源 A 并通过 B 的粒子到达 C 的几率是

$$P(A, B, C) \tag{2}$$

这两个几率的数值可用统计方法确定,这只要用一个包围源 A 的屏,数出 A 所发出的全部粒子数,再数出到达屏上的总粒子数(到达屏上的粒子数就是指通过狭缝 B 的粒子数),然后再数出到达 C 的总粒子数。

我们看到,这里关于**中间现象**的解释满足正常体系所要求的第一个原则。这里和经典物理的唯一差别在于如下一个事实:粒子从 B 过渡到 C 所遵从的规律仅仅是几率律;但是,因果概念的这一推广对量子力学中的**现象**说来同样有效。因此,在此解释中,现象和中间现象遵从同样的规律。

现在让我们采用波动解释。这时我们说,从 A 发出的是球面波,这些波只有一小部分通过了狭缝 B,然后向着屏传播。这部分波是由不同的波列所组成,每个波列都有一个不同的中心;这些中心全部处在狭缝 B 内的点上(惠更斯原理)。这些不同波列的叠加,便给出屏上的干涉图案。

如果我们仅仅考虑长时间的过程结果,例如仅仅考虑照相底片上得到的图案,那么,这个解释是不导致任何困难的。它甚至比微粒解释还要好,因为它没有用到统计律,而是用严格的因果律。在这个解释中几率(1)和(2)的数值表现为波强,它们直接决定着底片上各点变黑的程度。可是,一旦考虑到能在屏上证实的一个个闪光,情况就不同了。譬如说,让我们假定把屏换成一系列盖革计数器;于是,这一系列计数器的统计结果就相当于底片上的干涉图案,但是除此之外,它还揭示出过程是由一次次碰撞所构成。在这些事实面前,波动假设就陷入困难了,这点首先是由爱因斯坦指出的。当波还没有到达屏上时,它布满在一个扩展的半球面上,其中心位于 B;但当它到达屏上时,它便仅仅在一点产生一个闪光(譬如说在 C 点),而在其他各点则自动消失。波好像被 C 点的闪光一口吞下了。波的这一消失过程同我们关于可观测事件所确立的规律有矛盾,就这点来说,它表示因果**异常**。我们看到,在此描述中,中间现象的规律不同于现象的规律;因此这个描述不是正常体系。

由于想摆脱波动解释中这些难以一致的结论,有人提出了一个建议:在我们看到屏上的闪光以后,应当禁止提问波变成了什么的问题。我们以后将讨论一种对问题实行这个禁令的解释;但是这种解释放弃了波动说。**在波动解释的范围内**是不能否认这个问题的合法性的。为了排除这类问题而提出的各种理由,都经不住逻辑的检验。例如有人曾经说,在波动描述的范围内不能谈到空间上有定域的结果。但这并不正确;波本身表现为空间的函数,如果我们在屏上一处地方观测到某个结果,那就完全有理由提问波在其他地方引起的结果是什么。还有人说，屏上的闪光属于微粒解释，因此不能采纳到波动解释中来。这也是不正确的，因为屏上的闪光是一个可以证实的现象，所以它不属于解释的二象性考虑

27 之列，解释的二象性仅和中间现象有关。闪光既不属于一种解释，也不属于另一种解释，而是作为两种解释之基础的可以证实的材料之一。我们必须要求中间现象的每种解释都要和给定的一系列现象相容。而且，如果采用波动解释的话，它就必须能够进一步说明波转变为有定域的闪光问题。

在上述类型的实验里采取微粒解释好些，这似乎是可以理解的，因为它不包括因果异常，亦即它是正常体系。但是，波动解释和我们前面举过的一个例子的解释同样的真，这个例子说，一棵树在我们没有看到它时总是分裂为两棵。我们不必为这种异常伤脑筋，因为我们知道，它可以用另一种描述"变换掉"。同样，我们也不要为波动描进的异常伤脑筋，因为我们知道它能用微粒解释变换掉。但是，如果采用波动解释的话，它就包括整个波随着闪光在一点之出现而消失的结果，不管这一点同波的其他各点相距多远。我们要有勇气面对这个关于中间现象的解释所必然带来的结果。

现在让我们转到第二个实验，它表示在图 5 中。实验所用的装置和前面相同，区别在于光阑上有两个狭缝 B_1 和 B_2，我们知道，在此情况下屏上也会得到干涉图案，但与第一个实验中得到的图案不同。让我们用不同的解释来考虑这个实验。

我们先采用微粒解释。和前面一样，假定辐射的强度很低，因

28 此我们知道屏上将出现一个个闪光。这可用如下的假设来说明：

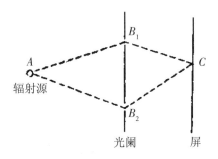

图 5.　辐射在双狭缝 B_1 和 B_2 处衍射。

从源 A 间歇发出一个个粒子;有时一个粒子通过狭缝 B_1,有时一个粒子通过狭缝 B_2,有时则被光阑所吸收——这一切都取决于粒子从 A 射出的方向。如果在 C 出现一个闪光,我们就说,粒子不是通过了 B_1 就是通过了 B_2。

　　粒子到达 C 的几率可用几率论中所确立的消去法则表示如下:[①]

$$P(A,C) = P(A,B_1) \cdot P(A.B_1,C)$$
$$+ P(A,B_2) \cdot P(A.B_2,C) \qquad (3)$$

从我们关于(1)和(2)的解释可以知道这些项的意义。我们想必假定(3)式右端几率的数值和前一种类型的实验中得到的相同;但事实表明这个假定是错误的。

　　这可以用如下方法来证明。我们先把狭缝 B_2 关上,让辐射过程进行一定的时间;然后打开 B_2,把狭缝 B_1 关上,让过程进行

―――――――――――――――

　　① 消去法则即指几率论(即概率论)中所谓"全概率公式",参看《概率论与数理统计》,复旦大学数学系主编,上海科学技术出版社,1962 年,28 页。——译注

同样长的时间。如果用底片作为屏,我们就得到两个干涉图案的叠加,于是产生一个问题:这个干涉图案是否和两个狭缝同时打开时得到的结果相同? 如果相同,我们就可以假定事件的几率数值和前一个实验中相同。如果不同,几率 $P(A.B_1,C)$ 和 $P(A.B_2,C)$ 就一定有变化。

如所周知,实验结果肯定了第二种可能。因此我们必须假定通过 B_1 的粒子到达 C 的几率和狭缝 B_2 是否打开有关。[①] 这表示因果异常;它指出有一个结果根源于 B_2,并且向着 B_1 传播,以致影响了在 B_1 发生使粒子得以通过的碰撞。我们看到,在这种情况下导致因果异常的乃是微粒解释。[②]

如果根据这些异常就说微粒解释是**假的**,那就错了。讲过这种意见的某些物理学家认为他们所根据的事实是:在 C 点观测到闪光以后,我们无法知道粒子曾经通过了两个狭缝中的哪一个,即无法知道它是通过了 B_1 还是 B_2。这个陈述当然是真的,因为 B_1 或 B_2 处的观测会干扰实验。我们甚至不能确定在闪光 C 处观测到的那个粒子曾经通过 B_1 的几率 $P(A.C,B_1)$。假如知道正向几率 $P(A.B_1,C)$ 的值,那么,这个逆向几率 $P(A.C,B_1)$ 即可借助巴

---

① 不难看出,这一考虑是 §22 考虑之点的特殊情形,按照 §22,从 u 得到 w 的几率要受中间测量实体 v 的影响,哪怕 v 的测量结果不包括在这个几率的表式中。狭缝 B_2 关上相当于在 B_1 测量位置。

② 当我们把屏逐渐向光阑移近时,还出现其他的异常。如果在屏上选择的 C 点始终是使 B_1C 的方向保持不变的点,我们就可以发现几率 $P(A.B_1,C)$ 不能当作不变的常数;也就是说,这几率不是一个仅仅依赖于粒子从 B_1 射出的方向的函数。从波动观点看来,这是当然的结果。

叶斯公式[①]由下式来确定：

$$P(A.C,B_1) = \frac{P(A,B_1) \cdot P(A.B_1,C)}{P(A,C)} \tag{4}$$

但因为正向几率和我们在单狭缝实验中得到的几率 $P(A.B,C)$ 不同，所以它不能确定。要确定这一几率就要在 B_1 处观测粒子，而这会对实验有干扰。因此，根据意义的证实原则，哪怕按照修改后的几率意义[②]，我们也必须说，"粒子曾经通过 B_1"这句话如果当作一个**物理事实来陈述**，它就是毫无意义的。但如果把它当作一个**定义**，那就容许使用它了。为了使微粒描述成为完全的描述，我们就要定义 C 点的每次闪光都对应有粒子的一条路径，它或者通过 B_1，或者通过 B_2；这两条路径的选择是任意的。即便我们按照要求去做，让几率 $P(A，B_1)$ 和 $P(A，B_2)$ 同单狭缝实验中得到的相同（它本身只具有定义的性质），这两条路径的选择在很大范围内也仍然是任意的。

上述情况使人想起关于同时性的问题也有类似的情况。如果在时刻 t_1 从 Q 点发出一个光信号，它在 R 点反射后又在时刻 t_3 回到 Q 点，则此光信号到达 R 的时间可以是 t_1 和 t_3 之间的任何数值。我们可根据这一数值的选择来定义 Q 点和 R 点的同时性。"在 t_1 和 t_3 之间发生于 Q 点的某一事件和光信号到达 R 点同时"这句话如果当作一个经验陈述，它就是毫无意义的，因为它不能证

---

① 参看任何一本几率论教程，或参看作者的 *Wahrncheinlichkeitslehre*（Leiden，1935），公式（6），§21。［也可参看《概率论与数理统计》，复旦大学数学系主编，上海科学技术出版社，1962 年，30 页。——译注］

② 参看作者的 *Experience and Prediction*（Chicago，1938），§7。

实;但如果当作定义引入,它就有意义了。同样,我们可以把"粒子通过了 B_1"这句话当作定义来用。在这两种场合,为了使描述完全起见,这样的定义都是必要的。

由此可见,微粒解释可以始终如一地坚持到底,其中并无任何不正确之处。它唯一的缺点就是导致上述的因果异常。狭缝 B_2 对 B_1 处事件的影响是一种违反**近作用**原则的影响。因为从 B_2 并无任何作用传播到 B_1;这可以从下一事实看出:B_1 和 B_2 之间光阑材料的更换或其形状的改变(例如把光阑扭成波状而使其形状改变)不会影响实验结果。

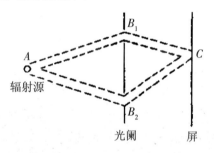

图 6.　表示辐射的"双管道基元"。

如果要给上述实验创立一种解释来摆脱因果异常,那就必须
30 采用波动解释。可是,假如在我们采用的波动解释中认为波是通过整个敞开的空间而传播的,那还不够。这会导致前一个实验的波动解释中所说的那种因果异常。我们必须采用另一种波动解释,按照这个解释,波仅仅局限在两个狭窄的管道内,如图 6 所示。可以证明,这个"双管道基元"内点发生的任何变化都会使 C 点出现闪光的几率 $P(A, C)$ 发生变化,而管道之外的变化并不影响这

一几率。例如,我们可将虚线所围的管状区域之外的空间填满吸收物质,而 $P(A,C)$ 不变①。这可通过前面用到的叠加原理来证明;屏上的干涉图案可以看成一个接一个发出的双管道基元之顶点所产生的斑点叠加,这些顶点落在屏上不同的 C 点。因此,如果在上述实验的描述中把中间现象看成一个接一个的双管道波从 A 向屏上各个 C 点传播,则此描述便是正常体系②。

这里可以附带说一点:在单狭缝情形,即在图 4 所示的实验情形,我们也可以采用一种不包含因果异常的波动解释,这时我们是说单管道波,就像爱因斯坦原来在其针尖辐射理论中所假定的那种波。③ 因此单狭缝实验有两种正常体系。但是这两种描述之间的差别并不很大,所以通常只讲微粒解释。因此,关于微粒的任何陈述都能改成关于针尖辐射的陈述。

时常有人说,波动解释和微粒解释之间的差别是与时空概念和因果概念使用上的二中择一性分不开的。按照这种看法,既然波动遵从一个微分方程——薛定谔方程(参看§13),所以波动解

---

① 严格地说,这只是近似正确的。当我们选择狭缝之间的距离愈大而 B_1、B_2 和 C 的宽度显得愈小时,近似愈准确。这里用到一个数学定理,它相当于如下的命题:我们可以从 B_1 和 B_2 引出两束波在屏上发生干扰,使得它们仅仅在 C 点附近一个小面积内有强度。上述“双管道基元”可以看成这两束波的简化表示。

② 作者这里对物理学中双狭缝衍射波动解释的理解似乎是不确切的。按照波动解释,在图 6 中尽管 C 点出现闪光的几率只取决于图中“双管道基元”之内的一部分波场,但其他的“双管道基元”(共顶点位于屏的其他点上)是同时存在的,而不应当看成是从 B_1 和 B_2 一个接一个发出的,因为波场是一整体。这样,当我们在 C 点看到闪光后,仍会发生 C 点“一口把波场吞了下去”的情况。因此,用作者的术语来说,这里仍会有“因果异常”。——译注

③ 这里说的实际上是光子解释,这应当看成一种微粒解释,而不应当看成一种波动解释。——译注

释满足因果原刚,而不容许我们对物理客体提出时空描述。另一
31 方面,据说微粒解释满足时空描述的要求,而违反因果原则。不管
后一句话如何,这种看法都不能认为是正确的。波动描述始终满
足因果条件的说法并不对。这样说只是顾到把波场想象成一种物
理实在,它按照微分方程所能表示的形式在空间中传播;在这点上
它是表示一种近作用,至少对自由粒子说来是如此。[①] 但是,如前
所述,它在其他方面是违反因果原则的。例如,屏上出现闪光之后
波的消失便是一个不遵从薛定谔方程的过程,因此不符合近作用
原则。此外我们还要指出,不满足时空描述条件的波动解释也不
能自发地(eo ipso)满足正常因果性的任何基本要求。时空次序和
因果次序是密切关联着的,过去曾有人在相对论的分析中指出过
这点[②]。如果不能想象波是容纳在时空流形中的实体,其中波动
过程的**任何**部分都满足近作用原则,我们也就不能说它符合正常
因果性的要求。

以上的说明指出,量子力学牵涉到的问题不能归结为时空描
述与因果描述的二中择一性。我们所假定的时空次序总是普通的
次序,在许多场合下能用通常的宏观方法来确定;例如狭缝 B_1 和
B_2 之间的距离可以大到足以用宏观装置来测量的程度。两种解
释都违反正常因果性的要求。只不过这些违反的性质随不同的解
释而不同。

---

① 在多粒子体系的情况下,波不是在三维空间中传播,而是在 n 维位形空间中传
播。但是,即使我们把位形空间当作"真实"空间,波也不会满足正常因果性的要求。
和普通空间中一样,在这样的空间里也同样会导致波在闪光之后消失的困难。

② 参看作者的 *Philosophie der Raum-Zeit-Lehre* (Berlin,1928),§§ 27,42。

正常因果性的违反也会出现在这里应当提一下的第三种解释中,这种解释是波动和微粒两种解释的结合。按照这一解释,有一个波场通过整个空间而传播,并且以通常的方式在狭缝 B_1 和 B_2 处发生衍射;除此波场外,还存在着微粒,其运动受波场的控制,控制方式是波场的场强确定着找到粒子的几率。用德布洛意提出的术语来讲,这种波叫做**导引波**。这个解释的异常之处在于这种波场所遵从的规律不同于其他各种波场的规律;特别是,这种波场不具有能量,因为能量被假定集中在粒子上。此外,场对粒子的影响遵从一些不平常的定律。如果假定粒子沿直线运动,这些定律就会违反近作用原则,因为这时候通过 B_1 的粒子转向 C 的几率不是与 B_1 附近的场强有关,而会与 C 点的场强有关[①]。如果假定粒子沿振荡曲线运动,也会遇到其他的异常[②]。

因此,这种描述不是正常体系,但它具有若干优点,适宜于在许多场合下应用。它无须假定导引波随同粒子一个个地间歇出现,无须假定这些波在 C 点出现闪光之后消失。可以假定这些波是连续进行的;可是它们的存在只能在有粒子通过其中运动的时候得到证实。

§8. 详尽解释和有限解释

以上的分析表明,微粒解释和波动解释都不能毫无因果异常

---

①　根据边码 29 页中指出的类似考虑,可以推知这点。

②　这种解释的异常之处在德布洛意所著 *Introduction à l'Etude de la Mécanique ondulatoire*(Paris,1930)一书的第九章中有很清楚的介绍。

地贯彻到底。用微粒解释能说明某些实验,使得现象的规律和中间现象的规律相同;但是,这时我们在其他场合遇到异常。用波动解释能说明其他这些场合,使得现象的规律和中间现象的规律相同;但这时在前一类实验的解释中要出现异常。最后,两者结合而成的导引波解释表现出其他的异常。

这就产生一个问题:是否还有别的我们可能不知道的解释可以摆脱因果异常呢? 以上的研究不能认为是不存在这种解释的证明。这个证明不可能用一个个解释都试验完的办法来完成;因此我们不能肯定是否还有更好的解释没有被我们注意到。这个证明必须依据量子力学实体之间关系的一般理论。我们将在§26给出这个证明;证明中假定了因果概念,并考虑到因果观的各种可能修正,这将在§24的末尾说明。我们的结果可以表述如下:不可能给中间现象下一个满足因果性基本要求的定义。**中间现象的描述类不包含正常体系**。可以证明,这是从量子力学基本原理推得的结论。我们将把这个结果称为**异常原理**。

从这个否定结果出发,可以建立两个不同的概念。第一个就是要求**解释的二象性**。在等价描述类中,有两种解释(即微粒解释和波动解释)比其他解释更方便;因为正常体系不存在,所以我们只好用这两种解释中的某一种当作**最小偏差**的体系,就是说,这种体系与正常体系的偏差最小。按照这个概念,因果异常是避免不了的;但至少可以简化到最小程度。

第二个概念是一张比较根治性的药方。既然中间现象的正常描述绝不存在,所以有人建议说,应当放弃对中间现象作任何描述;我们应当把量子力学局限于陈述现象——这样,关于因果性的任何困难就都不会发生了。按照这个概念,正常体系之不可能存在被看成是放弃一切中间现象描述的理由。我们将把这种概念称为量子力学的**有限解释**,因为它使量子力学的原理局限于陈述现象。表现这个限制的规则可以采取不同的形式,因而有几种不同的有限解释。凡是不使用限制的解释,像微粒解释和波动解释,都称为**详尽解释**,因为这些解释中包括中间现象的完全描述。

主张有限解释的人坚持认为中间现象的描述是不必要的;他们说,为了观测预言的目的,只要诉诸现象的解释就够了。后一句话是正确的;但是,不能认为这就是应当放弃详尽解释的证明。要清楚地记住,这两个概念中任何一个都不能证明为真。这些概念表示我们对物理学形式所作的意志决断;其中任何一个都和另一个同样合理。

用等价描述类的术语说来,这种情况的特点可以表述如下。现象体系对等价描述类中每种描述都相同;因此它是该类的一个**不变体**。现在,一个类的性质与它的不变体有关;到此,任何一种有限解释都确定着一整个详尽描述类。但这些详尽描述揭示出一个特点,一个假如我们只知道一种有限解释便无法知道的特点。这个特点就是如下的事实:不可能提出任何一种不包含因果异常的解释。因为这是详尽描述类的一个性质,所以它也是每种有限解释的固有性质。这个性质通过如下的事实表现在有限解释中:它们排斥某些不合规定的陈述;但是,这些规定的根据只能通过有关详尽描述类的性质的陈述表述出来。

因此,我们现在要转而对详尽解释类作进一步的分析,暂时搁下有限解释的讨论。我们说过,就微粒和波动两种解释都是最小

34

偏差体系说来,它们在详尽解释类中占据着特殊的地位。现在我们对此要加上第二句话,以确保这两种解释的独特地位,同时冲淡由于缺少正常体系而产生的后果的影响。

尽管不存在对全体中间现象都能免除因果异常的详尽描述,但是对**每个**中间现象,我们可以利用波动解释或微粒解释作出免除因果异常的详尽描述。我们在波动和微粒解释的**二象性**这一说法中所表示的正是这个事实。这样说的意思是:**对一给定的实验,**两种解释中至少有一种是正常体系,从而在确定中间现象时可以认为它们所遵从的规律和现象的规律相同;不过在其他实验中,这样选定的解释会导致因果异常。让我们把这一陈述称为**因果异常可消除原理**。我们用来表述这个原理的**全体**和**每个**二词的区别,是大家在符号逻辑中所熟知的。如果以另一形式来利用这个语法区别,那我们也可以说:**全体**中间现象所遵从的规律对现象也有效的说法是错误的;但是,**每个**中间现象都如此的说法就是正确的了。**我们无法对全体中间现象找到一个正常体系,但对每个中间现象可以找到正常体系。**

和前面一样,这里也可以通过一个微分几何例子的类比来说明以上的表述。当我们使用球面上的正交坐标系时,例如使用经纬圆所决定的坐标系时(这样的坐标系是可能的,因为它并非始终由直线构成,纬线圆并非最大圆周),这种坐标系有两个奇点位于北极和南极;就是说,这些点没有确定的经度。但是,这些点的奇异性只是由于坐标系所致;从几何上说南北极本身和球面上任何其他的点并无区别。因此,这些奇点可以引用别的坐标系"变换掉";例如水手们在两极附近常使用点标法来确定各点相对于一个选定的原点和两个彼此垂直的选定方向的相对位置。这些坐标系甚至可以用来表示整个球面上的点，至少当一组曲线不是假定由直线组成的时候可以如此；但是，这时奇点将出现在坐标系的其他点上。我们可以把没有奇点的正交坐标系叫做正常体系。于是可以说，对球面上的**每个**广延的面积可以引入正常体系，但对**全体**面积（即对整个球面）则不能引入一个正常体系。因此我们借助关于各类可能坐标系的陈述可以表示出关于球面的陈述。 35

　　这种情形与前面考虑过的正交直线坐标系的情形区别如下。正交同时又是直线的坐标系仅对无限小的面积有可能；对于有限大的广延面积说来，它甚至不能近似地建立起来。如果放弃直线性要求，我们就能建立一个严格正交的坐标系，使其覆盖在球面的很大面积上；但是，这个坐标系会使得两点成为奇点。这种情形的优点超过前一种情形的地方就在于，通过这一正常体系的定义可以对广泛的面积，得到正常体系，而不仅是对无限小的面积得到它。

　　现在我们转到量子力学上来。我们必须说，量子力学里的情况相当于第二种情形。对于"广延的面积"，即对于整个实验，可以通过适当的描述把因果异常完全变换掉。它们仅仅在其他实验中或对各种实验进行比较的问题中才会重新出现；这时为了回答这些问题，我们可以引入新的描述，使得因果异常再次不出现。这样做总是可能的，理由在于不确定关系。假如我们能在图 5 所示的实验中观测到一个粒子通过了狭缝 B_1，那就不能引用波动解释，这样我们就不会有实验的正常描述，即不会有不含因果异常的描述。另一方面，假如我们能在图 4 所示的实验中证明有一个波同时到达屏上不同的 C 点,那就不能引用微粒解释,这样就不会有这个实验的正常描述。由此可见,**因果异常可消除原理是通过不确定原理才成为可能的**,因为后一个原理使得我们永远不可能设计出一种可以判断波动解释和微粒解释之真伪的实验。[①]

因此,波动解释和微粒解释二象性的最终根源在于不确定原理;但这个原理也指出了摆脱因果异常左右为难的道路,那就是我们在因果异常可消除原理中所陈述的结果。前面说过,物理学家显示了自己的技巧,他们有时采用波动解释,有时采用微粒解释;如今我们看到,解释的这种变化是可以有根据的,这证明转向正常解释乃是物理学分析的一个合法手段。当物理学家面对着一个特定实验,引用适当的描述以便在自己问题的框架内消除因果异常时,可以把他比作一个到了北极的水手,他不继续用经度来确定自己的位置了,而宁愿用别的不含奇点的坐标系。这个手段是容许的,因为自然界没有给全体中间现象定下一种正常体系,而只分别给每个中间现象定下了正常体系。

让我们来看几个例子。采用波动解释导致这样一个问题:为什么整个波在我们看到屏上一点闪光之后便消失。我们是引用微粒解释来消除这一中间现象描述中所出现的因果异常的。这时波变为几率,我们不说波消失了,而直接说:尽管在屏上 C_2 点看到闪光的几率 $P(A,C_2)$ 有某个正数值,但在 C_1 点观测到闪光之后,在

---

① 也许有人发生疑问:是否在一切场合都实际有可能通过适当的描述消除因果异常。我们所能证明的是:因果异常可消除原理至少对于单粒子或彼此无相互作用的粒子群(例如彼此无相互作用的电子群或光线)成立。在多粒子组成的复杂结构的情况下会出现一些困难。参看 §27。

C_2 看到闪光的几率 $P(A. C_1, C_2)$ 便等于零。这并不说明波收缩为一点，而是说明一件平常的逻辑事实：几率是相对的。玻恩正是通过这种考虑提出波的统计解释的，它们原来曾被薛定谔想象为具有电荷密度的波。

还有一个例子表明微粒解释提供的是正常描述，这个例子可以通过如下的探讨来说明。从源 A 发出的粒子通过任一狭缝的几率是粒子通过每一狭缝的几率之和；这可用符号表为下式：

$$P(A, B_1 \vee B_2) = P(A, B_1) + P(A, B_2) \tag{1}$$

（逻辑符号"$\vee$"意思是"或"。）这个关系式可从几率运算法则推出，因为粒子每次只能通过一个狭缝。此式可用观测检验，检验方法如下：在两个狭缝都打开时数出屏上出现的闪光总数，即可确定左端的几率值；分别在关闭一个狭缝时数出屏上出现的闪光总数，即可确定右端的两个几率值。因为这样收集到的统计数据能证明(1)式成立，所以(1)式也必须对波动解释成立。但是波动解释导致因果异常。这时我们必须假定每当源 A 沿 B_1 方向发出一个波时，便同时有另一个波沿 B_2 方向发出，而向敞开的狭缝 B_1 进行的波有时会由于狭缝 B_2 关闭的影响而消失（也就是说，凡是在微粒解释里只沿 B_2 方向发射粒子的场合便有如此影响），这表明它是处在一种超距作用的影响之下。因此，凡是想说明已经确证了的关系式(1)的物理学家，都宁愿采用微粒解释，他用这个解释无须假定因果异常便能导出它。

另一方面，有些问题只能用波动解释来回答才不会有异常。我们曾看到，在 §7 图 5 所示的实验中，微粒解释导致两狭缝 B_1 和 B_2 之间的超距作用。在波动解释中，这种超距作用被消除了，

而改为关于到达 B_1 和 B_2 的波之间的位相关系的陈述,这种位相关系产生的原因在于这些波是从同一个源 A 发出的。因此,物理学家在回答这类问题时宁愿采用波动解释。

以上的例子表明,如果我们不说每个中间现象的正常体系,而说关于中间现象的**每个问题**的正常体系,这甚至更好些。每个中间现象的问题都是一个确定正常体系的问题,而且,相对于同一部实验装置说来,可以提出不同的问题,它们需要不同的正常体系。例如,关于几率关系式(1)的问题乃是对一种实验装置提出的,这部装置对其他问题说来需要波动解释。我们说"每个问题"的意思当然是指问题有充分的限制,不能理解为不同问题的"合取"。在这个限制下,因果异常可消除原理可以表述如下:我们无法找到全体中间现象问题的正常体系,但对每个这样的问题说来可以找到正常体系。

我们说过,作为消除因果异常的一种手段,从一个解释转向另一解释是有根据的。但这也是它的唯一根据,如果再举出其他的理由,那就不正确了。时常有人这样写道:必须禁止"波在我们观测到屏上闪光之后变成了什么?"或者"穿过狭缝 B_1 的粒子的运动何以会随着狭缝 B_2 的关或开而有所不同?"这类问题的提出,因为它们**不适合于**各别解释。但是,"适合"这个词只意味着对这些问题的回答导致因果异常。这些异常的出现并不能使问题本身或答案成为个合理的。只要我们决定采用一种详尽解释,这些问题就不是无意义的了。因此我们必须对这样一个事实习惯起来:在给定的解释中,总有些问题只能通过因果异常的假定来回答。如果我们在回答这些问题时宁愿采用一种免除因果异常的解释,那是很有根据去这样做的;但不要以为这样提出来的答案就是**唯一有意义的**答案,**唯一容许的**答案,或是**唯一真实的**答案。这个解释的全部价值在于这样一件事实:对于有关的中间现象说来,它免除了因果异常;但是,这件事实既不使得它比别的解释更真,也不是使详尽解释有意义的必要条件。产生这类错误判断的根源在于混淆了详尽解释和有限解释。仅仅对于后者,上述问题才是无意义的;但对有限解释说来,对实验提出免除因果异常的完全描述也是无意义的。然而,正如我们有理由说因果正常的那些情形一样,在详尽解释中,我们同样有理由说到因果异常。 38

另一方面,经常有人犯相反的错误,他们错误地说:中间现象根本没有什么真实的描述;解释的二象性证明了,我们对中间现象只能构想出一些**图像**,它们在某些特点中是正确的,在另一些特点中则是不正确的。如果说前面批判的态度是一种教条式的态度,那么,后一种态度就要说是过于谨慎的了。所有容许的描述在其全部细节(包括因果异常在内)上都是同样真实的。要是有人想把中间现象的描述称为**图像**,那么,为了强调有选样的可能性,他是可以这样做的;但不要忘记,当我们说街上的一棵树在谁也没有看它时仍旧处在它的位置上的时候,这也是使用图像。我们曾看到,在此场合描述也有各种选择的可能,观测之外的树的问题只有在引入自然规律不变的假定之后才能靠归纳证据得到明确的答案。唯有这个假定同观测之外客体的描述结合起来,才是经验所能证实的。量子力学中间现象的情况与此相同;只有在引入自然规律不变的假定之后,我们才能对中间现象作出明确的陈述,中间现象的描述同这个假定结合起来,就能得到经验的证实。它给每个实验确定了一种解释,但没有给全体实验确定一种解释。

　　只要中间现象的描述问题按照这样的方式提出来,我们就可以明了:即便在宏观宇宙中,正常体系的存在也无任何逻辑的必要。设想每当我们把眼睛从一棵树转向旁边只去看它的影子时,我们看到的是两个同样形状的影子,而当我们同时去看树和它的影子时,只看到一棵树和一个影子。这时我们在说法上就有了选择:或者说,当我们没有去看树时那里总是有两棵树;或者说,观测之外的树只有一棵,但已知的光学定律对它不适用。因此,在这情况下必须放弃用来确定经典意义上的正常体系的两个原则之一。此外,让我们再设想观测表明一个树影上发生的全部变化也同样在另一个树影上发生;例如,当我们感到一阵风吹来而看到一个树影上的某个枝叶动起来时,我们也看到另一个树影上相应的枝叶同样地动起来;如果有一鸟影出现在一个树影上,也会有同样的鸟影出现在另一树影上,如此等等。在这情况下,如果我们想采用一种光学定律在其中不变的描述,那就必须假定事件有一种双重性,这会表示一种先天谐和或超距作用,以致不同地方发生的事件有重叠性。因为这个假定意味着因果异常,所以在上述情况下不存在一种满足我们第一个原则的正常描述。

39　　我们可以构想出如下一个宏观类比,它更接近类似于§7中图5的实验。设想在 A 处有一部机关枪,通过一个机械无规则地转动着,因此枪弹不规则地沿着各个方向不断射出。假定光阑具有一定的厚度,以致在短短的狭缝管壁上,枪弹可能发生反射。于是我们将在屏上看到枪弹的不规则分布,假定这个屏是由铅板制成的,可以捉留枪弹。再设想子弹运动得很快,以致我们不能看到它们穿过的是哪一狭缝,也无其他方法证实它们穿过了哪一狭缝。现在假定我们完成了如下的观测。当两个狭缝都打开时,击中屏上的子弹数目比仅仅开放一个狭缝时多一倍。但是,在屏的某些地点上,当两个狭缝都打开时我们没有看到它们被击中的地方,在仅仅开放一个狭缝时却看到它们被击中了。在这情况下,和前面所考虑的辐射实验的情况一样,也有选择各种解释的可能。我们可以假定子弹在其划过空气的路径上仍然是一个个的粒子,但在两狭缝之间有一种超距作用;我们也可以假定中间现象是波通过两个狭缝而传播,后来它们又结合而成铅屏中看到的子弹。

　　这个类比可以弄清这样一点:在量子力学所考察的事件中,没有什么不可想象的东西,我们可以构想出它的宏观模型。这些模型的物理学当然和现实宏观宇宙的物理学有所不同。但是,假如现实的宏观宇宙遵循同样模式的话,我们就会在一定时间之后习惯于它;那时我们就会认为,不能给全部中间现象提供正常描述乃是一件自然的事,为了回答某个问题,我们会懂得使用至少对于该问题不含因果异常的描述。不幸的是,我们的现实世界没有表现出这种结构。它不同于原子世界;量子力学已经表明它的结构具有上述类比中所描绘的那些性质。

　　这意味着在原子世界中自然规律不变的假定不能对中间现象的全体都成立,因此不能把一种解释确定为全体中间现象的正常解释,虽然对每个中间现象可以确定一种正常解释。这个结果必须看成是现阶段物理学关于物理世界结构所能作出的最普遍的陈述。物理世界不能纳入到一种正常描述的框架中;自然界具有齐一性的观念经常被人们宣称是科学的最终结果,而今,它不能推广到包括量子世界中间观象的情形。这些看来也许感到奇怪。但是,我们不要根据愿望来回答在量子世界里遇到的问题,而要根据突验调查来回答。既然物理学已经得出上述结果,我们现在就必须认真地对待它,而不要掩盖它,把它说成是人类创造图像能力的失败。

40　　为了使我们关于物理世界一般性质的陈违完全起见,除了这个消极结果之外,还要加上一个积极的陈述,那就是因果异常可消除原理所提供的表述。自然界容许我们构想出——至少是部分地构想出——一个与现象规律一致的中间现象世界。这一事实有几个意义重大的结论。一个是,我们能构想出遵从正常规律的适当的中间现象来回答所有的问题。另一个是,其他描述引起的异常绝不能被用来在现象世界中产生异常的结果。例如在微粒描述中,我们不能利用 B_1 和 B_2 两个狭缝之间的超距作用把信号从一个狭缝发送到另一狭缝去。任何这类异常的结果都是不可能的,因为否则的话,它们也就会出现在实验的正常描述中,但在实验的正常描述中,它为中间现象的正常行为所排斥。因此,我们在异常描述中所遇到的因果异常可以说是一种假异常;它们的产生是由于我们选用的描述形式所致,是可以消除的。这里我们看出了不确定原理的深远意义;它揭示出现象规律和中间现象规律之间的差异并不是一种有害的差异。因果异常好像是一种幽灵似的存在;在我们正在感兴趣的那一部分世界中总是可以把它们赶出去的,虽然我们不能把它们从整个世界赶出去。

　　正是因果异常的这种似真性,启示我们去采用有限解释。每个详尽解释就其所说的因果异常同可观测现象的世界毫无关系而言,是说得多余了。因此,放弃详尽性的要求而宁可采取不含这类因果异常陈述的有限解释,看来也许是适当的。这就回到了有限解释的问题,现在我们就转过来仔细考虑一下这个问题。

有限解释的概念是由玻尔和海森堡引入的。**限制规则说**,唯有关于已测实体的陈述,即关于现象的陈述,才是容许的;关于测量之外的实体或中间现象的陈述称为无意义的陈述。这个规则的直接后承是:不可能提出关于并协实体同时数值的陈述。这样提出来的解释既非微粒解释也非波动解释。因为它认为中间现象的情况在很大程度上不确定,所以我们不能说这些中间现象是由粒子组成还是由波所形成的。当已测实体是位置时,它类似于微粒解释,因为这时实体被赋予相当明确确定的空间一点。但是,这时关于动量的陈述可以自由选择,所以我们不知道这样决定出来的实体是否是粒子。如果认为整个可能的动量谱同时实现,那么,这个实体也可能是波包。另一方面,如果我们测量了动量,那我们既可以把这个动量值看成是粒子的动量,也可以把它看成是波的频率;有限解释允许我们对这个问题有选择的自由。

让我们来看一个例子,以便说明这个限制规则。§7 图 5 中所示的干涉实验是一种可以测量频率的装置,因此可以测量粒子的动量;这就排斥了所有关于粒子位置的陈述。这意味着不仅"粒子曾经通过狭缝 B_1"这类陈述不能容许,而且甚至连"粒子不是通过了狭缝 B_1 就是通过了狭缝 B_2"这种形式的陈述也不能容许。这显然是使用限制规则的结果。而且我们也不能说,**假如**粒子曾经通过狭缝 B_1,它就要受狭缝 B_2 的存在所产生的影响;带有"假如"的句子属于不容许的陈述领域。这样一来,因果异常就不出现在容许陈述的领域中。就像一种外科手术一样，限制规则把量子力学语言中所有不健康的部分都切除了。可惜的是，也正像一切外科手术一样，它还切除了某些健康的部分。例如，我们是难以放弃诸如粒子正在通过一个狭缝或另一狭缝这种陈述的。要反对这个陈述所能说的全部理由，只是它导致不是我们所希望的结论。

应当认识到，因果异常的消除乃是玻尔和海森堡有限解释的唯一根据。如果有可能构想出一种不包含因果异常的详尽解释，那么，谁也不会对这个解释中所用定义的合法性发生疑问，即便有了不确定关系以致不能用可以证实的陈述来代替这些定义时，我们也不会发生这样的疑问。例如，如果实验指出 §7 图 5 中屏上的干涉图案等于先打开一个狭缝然后再打开另一狭缝分别得到的两个干涉图案之叠加，那么谁也不会怀疑，粒子不是通过了这一狭缝就是通过了另一狭缝，虽然由于观测的干扰我们不可能知道个别粒子通过的是哪一狭缝①。这就会把下面的说法看成是对观测材料的一个合理添加：由 $P(A, B_1)$ 给定的百务之几的粒子通过了狭缝 B_1，由 $P(A, B_2)$ 给定的百分之几的粒子通过了狭缝 B_2。有限解释之所以排斥这个陈述，只是因为实验表明屏上的干涉图案

————————————

①　在这情况下，观测干扰的性质可以和量子力学中实际假定的相同：如果我们观测到一个粒子正在通过一个狭缝，那么，光线会把它从它的路径上推出去。诚然，如果这时在进行观测的狭缝处没有观测到粒子，我们就可以知道它通过了另一狭缝；因此，在获得这个关于位置的知识时没有干扰粒子的路径。但是，这个知识是靠推理得到的，而不是靠观测得到的，因为我们观测到的现象是粒子未出现在一个狭缝附近，而不是它通过另一狭缝。因此，我们虚拟的实验表示这样的情况：尽管观测有干扰，但可以通过插入法对观测材料作出正常的添加。这是可能的，因为在此情况下屏上的干涉图案具有这样的性质；它允许我们认为粒子的运动与它未通过的那个狭缝附近发生的事件无关。

不是两个单狭缝图案的叠加,因此就有必要假定粒子通过一个狭缝的路径将和另一狭缝是否打开有关;也就是说,它排斥这个陈述是因为从它可以导出因果异常。常常有人写道,经验主义原则是关于意义的证实原则的基础,所以玻尔和海森堡是根据经验主义原则提出限制规则的。这个论点并不正确。意义是一个定义的问题,意义可以有不同的定义;哲学家所能提的全部问题是:一个给定的关于意义的定义导致哪些结论?[①] 玻尔和海森堡解释的有限制的意义具有这样的优点:它消除了因果异常;这是支持它的一个有力论据,但也就是唯一的论据了。微粒和波动两种解释所提供的详尽解释同样是可以和经验主义原则相容的,如果认为它们是基于定义提出来的话。

这里必须补充一点:即便是有限解释也离不了定义。我们称为现象的那些东西,肯定不是观测中直接的对象;它们是用间接方法从观测中推断出来的东西(参看 34 页)。这些推断中包含有一个定义,我们将在 §29 给出这个定义的精确形式。因此,现象的物理学和中间现象的物理学之间的逻辑差别,乃是程度上的问题;后者之中比前者包含更多的定义。究竟采取这两种体系中哪一种更好,则是一个由意志决定的问题,谁也不能说要完全局限在观测材料上。

玻尔—海森堡的解释是使用**限制含义的办法**,而我们却构想出了第二种形式的有限解释,它使用的是**三值逻辑**。普通逻辑是用两个真值即**真**和**假**写成的。除了这两个真值之外,为了量子力

---

① 参看作者的 *Experience and Prediotion*(Chicago,1938),第一章。

学的目的，我们加上了第三个真值，叫做**不确定**。这时我们把关于观测之外实体的陈述看作有意义的；但它们既不真也不假，它们是不确定的。这意味着我们不可能证实这些陈述的真假性。

这样构想出来的解释要比限制含义的解释好，因为它有一套规则可以把观测之外实体的陈述和观测实体的陈述联系起来，从而可以借助严格的逻辑运算处理所有这些陈述。能够证明：由于有了这些规则，表示因果异常的那些陈述总是具有不确定的真值，因此绝不能断定为真。另一方面，有一部分关于观测之外实体的陈述甚至还保持是真，或者在比较广的意义上叫以看作真的；但是它们不能用来导出因果异常，因为三值逻辑和二值逻辑的运算规则有所不同，它们使得这样的推导不可能进行。例如我们能证明，"粒子不是通过狭缝 B_1 就是通过狭缝 B_2"的陈述不必完全放弃，而可以在比较广的意义上保留下来，但是用它导不出狭缝之间存在超距作用的陈述（参看 §33）。所以，只要我们决定采用有限解释，三值逻辑就是量子力学的一个适当形式。

因此，我们有很好的理由说，量子力学语言可以用三值逻辑写下来。但我们不要忘记，如果没有其他条件限制，科学所探讨的主要问题并不在于确定一种特殊的逻辑形式。量子力学也可以用二值逻辑的形式来说明；详尽解释的存在就是这一点的例证。唯有当我们引入因果异常不可能导出的假定，我们才要转到三值逻辑。我们所探讨的问题的结构本身正是通过这个形式表现在它的语言结构中的。当我们把同样的假定应用到经典物理时，我们便得到二值逻辑。量子力学事件本身具有这样一种性质：仅当我们使用三值逻辑时，因果异常的陈述才能从真命题的领域里排除；这就是我们所要说明的微观世界因果结构的表现形式。

三值逻辑的语言看来对量子力学是够用的,因为详尽解释中所表述的那类因果异常似乎是多余的累赘;就预言观测现象来说,我们不必考虑它们。有鉴于这一事实,解决量子力学问题的人采用有限解释似乎就是很自然的事了。习惯将给这种逻辑见解进一步带来同它相称的影响;想提出超越有限解释界限之外的问题的愿望将不会出现了;量子力学的有限解释最终似乎可以回答我们所能合理提出来的每个问题。这种态度和前面提到的物理学家在详尽解释中常常采取从一种解释转向另一种解释的手段一样,将对他们有着同样大的帮助。这就好比生活在一个枪弹的行为表现得像电了那样地不合理的世界里的人,会懂得如何去限制他的问题,以便得到唯一合理的答案。当我们拒绝中间现象的几种陈述而容许其他陈述时,除了说这几种陈述导致因果异常而其他不导致异常之外,是别无其他理由可说的。

因此,以上关于有限解释之逻辑意义的最后判断,可以陈述如下。微观宇宙因果结构的特殊形式可以从详尽解释中的因果异常看出来,它也相应地表现在限制规则中,或表现在有限解释的种种不确定陈述之存在中。换言之,量子力学世界的物理状况既能通过包含因果异常(它们可以在局部地方变换掉)的详尽解释表现出来,同样也能通过有限解释表现出来。有限解释不**肯定**因果异常,但也不**否定**它们。

不否定因果异常的原因在于它们是物理世界本身所固有的性质。**不确定原理**仅仅表述了这个固有性质的一方面;它说,要**证实**关于中间现象的某个陈述是不可能的。量子力学体系给这点补充了另一个原理，我们曾把它叫做**异常原理**。这个原理说，要提出任何一个满足正常因果性要求的中间现象的定义都是不可能的；所以它认为通过插入方法对现象世界作出正常的添加也是不可能的。这包括有限解释在内，因为它们不能确立任何正常的因果性。

量子世界科学解释的限度就表现在这两个原理中，我们绝不能把这些限度看成是人类智力的限度。这不是人类的无知，也不是由于知识的不足而产生的种种制约，强加在量子力学规律所表现出来的物理世界的描述上。它是我们深刻洞察原子世界之本性的积极知识，是那些奇怪的规则（形成限制描述的种种规则）的网络的基础，但暗中包含那些对一切物理事件都有效的规则在内。在物理知识理论的伪装下，我们看到了物理世界的概貌，它不同于世世代代的科学研究所曾经梦想过的样子，但它仍然要求我们承认它是一个实在世界。

第二篇 量子力学数学方法概述

§9.函数用正交函数集展开

量子力学的数学形式体系建立在函数用其他函数所构成的集 来展开这个一般数学方法的基础上,集内的这些函数称为展开的**基底函数**。

我们所考虑的函数是**实变量的复函数**,这就是说,宗量变数的特定值是实数,而函数的特定值是复数。我们用小写希腊字母表示复数实体,用小写拉丁字母表示实数实体。实体 ψ 的复数共轭记为 ψ^*;复数值的平方 $|\psi|^2$ 与 $\psi \cdot \psi^*$ 相同。这些关系自然也对实函数成立;实函数是一般情形在条件 $\psi = \psi^*$ 之下得到的结果。让我们顺便说一点,量子力学所用的复函数都假定满足某些规则性条件,而且,展开中用到的无限序列必须满足一定的收敛要求。我们这里不明显指出这些条件,而把这件工作留给比较专门的教科书去做。本书的目的只是指出这些展开所满足的一般关系。

函数 $\psi(x)$ 在 x 的变域 D 内**可用函数集** $\phi_i(x)$ 展开,若在 D 内下列关系成立:

$$\psi(x) = \sum_i \sigma_i \varphi_i(x) \tag{1}$$

求和从 $i=1$ 作到 $i=\infty$；因为这点在以后所有的公式中都相同，所以我们不在公式中表示出来。**展开系数** σ_i 是常数，即与 x 无关；对每个函数 $\psi_i(x)$ 都有一个这样的特定常数 σ_i。

若对 D 域之内的每个函数 $\psi(x)$，都能借助适当的系数 σ_i 给定展式(1)，则称集 $\psi_i(x)$ 为**完全集**。此外，通常要求集 $\psi_i(x)$ 还满足一个条件，即下列二关系式成立：

$$\sigma_i = \int \psi(x)\varphi_i^*(x)dx \tag{2}$$

$$\int \mid \psi(x) \mid^2 dx = \sum_i \mid \sigma_i \mid^2 \tag{3}$$

46　(2)式的积分范围遍及整个域 D；这点在以后所有的公式中都相同，因此不必在公式中特别表示出来。(2)式是用给定的函数 $\psi(x)$ 和基底函数 $\varphi_i(x)$ 来确定展开系数 σ_i。此式的结构表现得与(1)式类似，不同之处在于式中用积分代替了求和。$\psi(x)$ 和 σ_i 之间的对称性还表现在(3)式中。对于每一对由(1)式联系起来的函数 $\psi(x)$ 和 σ_i，函数集 $\varphi_i(x)$ 若满足关系式(2)和(3)，则称它为**正交规一的函数集**。

不用说，按照这个定义，表达式(2)是**唯一的**，即只有一组系数 σ_i 对等于给定的函数 $\psi(x)$。这包括下面一个结论：若在整个域 D 上 $\psi(x)=0$，则全部的 σ_i 必须等于零。规一化表现在(3)式中。在 D 是无限域的情形，(3)式包括这样的条件：左端的积分为有限；这个收敛条件是限制函数 ψ 之选择的条件之一。我们说，$\psi(x)$ 必须是**平方可积的**。特别地，当(3)式中平方积分的值等于 1 时，我们又说 $\psi(x)$ 是规一化的。同样，(3)式对 σ_i 也要求满足收敛条件。有时也要考虑使(3)式左端积分不为有限的函数 ψ，因此它不能规一化。本书无需讨论这种函数。

(2)和(3)给出的是集 $\varphi_i(x)$ 的正交规一性的**间接**公式,它利用了其他函数 $\psi(x)$ 和 σ_i。这就发生一个问题:能否提出一个**直接**公式来表示 $\varphi_i(x)$ 的正交规一化条件,即此公式中单单用到这些函数,而无须诉诸其他函数。当所出现的展开式中求和号可以与积分号交换时,这个目的很容易达到。在这情况下,集 $\varphi_i(x)$ 的正交规一化可由下列条件确定:

$$\int \varphi_i(x)\varphi_k{}^*(x)dx = \delta_{ik} \qquad (4)$$

这里所用维尔斯特拉斯符号 δ_{ik} 的意义是:

$$\delta_{ik} = \begin{cases} 1 & \text{当 } i=k \\ 0 & \text{当 } i \neq k \end{cases} \qquad (5)$$

不难证明,如果(1)和(4)成立,则可导得关系式(2)和(3)。将(1)式两端乘以 $\varphi_k{}^*(x)$ 并列 x 取积分便能证明(2)式:

$$\int \psi(x)\varphi_k{}^*(x)dx = \int \varphi_k{}^*(x) \cdot \sum_i \sigma_i \varphi_i(x)dx$$

$$= \sum_i \sigma_i \int \varphi_i(x)\varphi_k{}^*(x)dx \qquad (6)$$

$$= \sum_i \sigma_i \delta_{ik} = \sigma_k$$

同理,(3)式的证明如下:

$$\int |\psi(x)|^2 dx = \int \psi(x) \cdot \psi^*(x)dx = \int \sum_i \sigma_i \varphi_i(x)$$

$$\cdot \sum_k \sigma_k{}^* \varphi_k{}^*(x)dx = \sum_i \sum_k \sigma_i \sigma_k{}^* \int \varphi_i(x)\varphi_k{}^*(x)dx =$$

$$= \sum_i \sum_k \sigma_i \sigma_k{}^* \delta_{ik} = \sum_i |\sigma_i|^2 \qquad (7)$$

因此,在求和号可以与积分号交换的情况下,(4)式是正交规一化的**充分条件**。[①] 我们可以问,它在什么情况下又是**必要**条件;也就是这样一个问题:为了推导(4),必须对(1)—(3)提出什么要求。答案是必须要求函数 $\varphi_i(x)$ 本身也是可以被展开的函数,这就是说,它们要能处在 $\psi(x)$ 的地位上。这一点的证明如下。譬如说,如果把某个特定函数 $\varphi_i(x)$ 选作函数 $\psi(x)$,那么,令 $\sigma_i=1,k\neq i$ 时 $\sigma_k=0$,我们便有一个解。因为我们假定展式是唯一的,所以这个解一定也是唯一的解。利用(2)式并将其中的 $\psi(x)$ 换为 $\varphi_i(x)$,则有

$$\left.\begin{array}{l}1=\displaystyle\int\varphi_i(x)\varphi_i{}^*(x)dx\\[2mm]0=\displaystyle\int\varphi_i(x)\varphi_k{}^*(x)dx \quad k\neq i\end{array}\right\} \tag{8}$$

这就得到(4)式,只要挨次对一个个足标 i 用 $\varphi_i(x)$、代替 $\psi(x)$。

这种基底函数集可以称为**反身集**,因为基底函数也属于可用该集来展开的函数之列。我们能证明,(1)—(3)中的基底函数也必须是平方可积的,所以如果这种集是完全的话,它也一定是反身的。因此,(4)式是完全性的推论。另一方面,即便求和号与积分号不能交换,我们也能用比较复杂的方法从(1)和(4)导出(2)和(3),只要适当定义(1)中求和项的收敛性。因此,在类如(1)式的展开中,正交性的间接的特性记述完全可以用直接的特性记述来代替。

---

① 如我们所说,当我们从(1)式推导(2)和(3)时,(4)式是充分的。反之,如果要从(2)式推导(1)和(3),则(4)式不能应用,而必须引入相当于(16)式的条件。这是和连续变量情况下所存在的困难有关的。

以上所给完全性的定义也是间接的特性记述。至于用直接特性记述来代替的问题，是一个颇为困难的数学问题，这里不拟讨论。在任何情况下，条件（4）都不足以保证完全性。这一点可以证明如下。当我们从函数 $\varphi_i(x)$ 中取消一个时，譬如说取消掉 $\varphi_1(x)$ 余集仍能满足（4）；但是，凡是在用原集展开时 $\sigma_1 \neq 0$ 的函数，将不可能用这个余集来展开。因为，如果能够这样的话，一个函数就会有两个展开级数，在它用原集展开的级数中系数 $\sigma_1 \neq 0$，而在第二个级数中 $\sigma_1 = 0$。这说明完全性是一个特殊条件，不包括在正交规一化的条件中。

要确定某个给定函数集是否完全、正交和规一化的问题，需要个别地分析。例如，能够证明三角函数 $\varphi_n(x) = \dfrac{1}{\sqrt{2\pi}} e^{inx}$ 在从零到 2π 的域 D 之内对整数 n 满足这些条件。这些函数是大家在傅里叶展开中所熟悉的。当我们把 $\varphi_i(x)$ 定义为某些微分方程的解时，还可以得到其他的正交、完全和规一化的函数集；这时它们称为这些方程的**本征函数**。我们以后将讨论这些集。

展开方法可以用到不同类型的函数上。例如我们可以考虑分立的函数 $\psi_k (k=1,2,3,\cdots)$，它们由分立的数字系列组成；它们所以被称为函数，是因为 ψ_k 的数值可以看成其足标的函数。这时我们不用函数 $\varphi_i(x)$，而使用由分立数字**矩阵**构成的集 φ_{ik}，它们是排成行和列的数字全体。矩阵的行数和列数一般都是无限的。这时展开式采取如下的形式：

$$\psi_k - \sum_i \upsilon_i \varphi_{ik} \qquad (9)$$

$$\sigma_i = \sum_k \psi_k {\varphi_{ik}}^* \qquad (10)$$

$$\sum_k |\psi_k|^2 = \sum_i |\sigma_i|^2 \qquad (11)$$

49 正交规一化条件可以表为类似于(4)的形式：

$$\sum_k \varphi_{ik} {\varphi_{mk}}^* = \delta_{im} \qquad \sum_i \varphi_{ik} {\varphi_{in}}^* = \delta_{kn} \qquad (12)$$

这里，ψ_k 和 σ_i 之间是完全对称的，因为它们都是分立的函数。这是上式中有两种形式的正交规一化条件的原因。如果求和项可以交换，我们就可以利用第一种形式从(9)式导出(10)和(11)；在同样的假定下，可以利用第二种形式从(11)式导出(9)和(10)。这些结论的证明不难仿照(6)和(7)给出。但在现在的分立情形下，我们能取消求和项可以交换的假定。(12)式中给出的两种形式是两个独立条件，它们合起来构成一个很强的条件：一般能证明，如果(12)中二个式子同时成立，则集 φ_{ik} 对于能使 $\sum_k |\psi_k|^2$ 具有有限大小的全体函数 ψ_k 说来是正交规一化的，甚至是完全的。这也证明 φ_{ik} 是反身的，因为 $\sum_i |\varphi_{ik}|^2$ 具有有限大小是(12)中第二个式子当 $k=n$ 时的必然结果。因此，在分立情形下，三个基本性质的直接定义的形式比较简单，这个定义不限于求和项可以交换的情形。这个一般定理的证明不能在本书给出；关于这个问题读者可以参阅数学教本。

当函数 $\varphi_i(x)$ 改为两个变数的函数 $\varphi(y, x)$ 时，即当足标 i 改为变数 y 时，我们得到的是另一种类型的展开。函数 $\varphi(y, x)$ 可以看成一**连续矩阵**，这时我们说展开是**连续情形**，展开式采取如下的形式：

$$\psi(x) = \int \sigma(y)\varphi(y,x)dy \tag{13}$$

$$\sigma(y) = \int \psi(x)\varphi^*(y,x)dx \tag{14}$$

$$\int |\psi(x)|^2 dx = \int |\sigma(y)|^2 dy \tag{15}$$

例如当域 D 是无限域时,这种展开可以用作傅里叶展开;这时傅里叶函数的形式是 $\varphi(y,x) = \dfrac{1}{\sqrt{2\pi}}e^{iyx}$。

连续情形和分立情形都是展开的**均匀**情形;第一种情形则可称为**非均匀**情形。但事实表明,三种情形彼此并不完全类似;连续情形表现出某些特点,特别是在正交规一化条件方面。

连续基底函数集不是反身的;因此我们不能导出(4)式。此外,连续情形下积分次序不能交换,因为交换以后导致不确定的数值。尽管如此,当我们想用一个类似于(4)的关系式来直接表示正交规一性时,我们还是可以用一个虚拟的式子来做到这点。这时我们写成

$$\int \varphi(y,x)\varphi^*(z,x)dx = \delta(y,z),$$

$$\int \varphi(y,x)\varphi^*(y,z)dy = \delta(x,z) \tag{16}$$

$\delta(x,z)$,是符号 δ_{ik} 在连续情况下的类似符导,它由下列条件确定:

$$\delta(x,z)=0,\ \text{当}\ x \neq z; \int \delta(x,z)dx = 1;$$

$$\int \delta(x,z)dz = 1 \tag{17}$$

但这个符号只有虚拟的意义,因为我们不能构想出任何一个具有

这些性质的函数。这种虚拟符号的使用是容许的，只要给定一套规则能把含有该符号的公式翻译成普通公式。此外，如果我们给定一套符号运算的规则，能保证借助符号导出的结果有效，则此符号在数学中就会有合法地位。可是迄今我们还未能一般地给出这套规则；因此，在数学推导中必须"小心地运用"符号。

符号 $\delta(x,z)$ 必须具有(17)式所示的性质，这是下一事实的结果：(16)式只能借助被积式的一种不能容许进行的交换导得。如果把(13)式中的 $\sigma(y)$ 换为(14)式的值，则当我们把(14)式中的 x 写成 z 时，可得到：

$$\psi(x) = \iint \psi(z)\varphi(y,x)\varphi^*(y,z)dzdy \tag{18}$$

改变积分次序，我们得到

$$\psi(x) = \int \psi(z)\delta(x,z)dz \tag{19}$$

$$\delta(x,z) = \int \varphi(y,x)\varphi^*(y,z)dy \tag{20}$$

让我们先把这里所用的符号 $\delta(x,z)$ 看作一个简写记号，其意义由(20)式确定。从(19)式可知，这个符号具有如下的性质：它乘以函数 $\psi(z)$ 并对 z 取积分后，又重新得出函数 ψ。不难看出，这正是条件(17)所定义的性质。因此，虽然我们在推导(19)时所用的方法不正确，但是(20)式中的符号 $\delta(x,z)$ 可以和(17)式中的符号 $\delta(x,z)$ 等同，只要使用某些适当的积分方法。

    $\delta(x,z)$ 函数称为狄拉克函数，因为它是由狄拉克引进的。它在量子力学中不仅可以用来表述正交条件，而且也可以用于其他各种目的。它所以是一个虚拟符号，是因为条件(17)不能直接实现;这些条件只能近似地有意义。我们可以近似地定义一些满足(17)的函数 $\delta_n(x,z)$;对给定的 z 值,这些函数除了在 z 处于一个微小间隔 Δx 中的情形以外都等于零,在此间隔内,它们是陡而高的峰形函数。这个间隔随着 n 的增大而逐渐变窄,峰高趋向无限大;但对 x 所取的积分总是等于 1。$\Delta x = 0$ 的极限情形是退化情形。所以狄拉克函数的使用遭到数学家的批评似乎是可以理解的。$\delta(x,z)$ 符号的使用只有心理学上的根据:这个符号可以提示出以后无须用它而能严格导得的正确解。

在连续矩阵的情形,被积式不容许交换,这一点可用连续的傅里叶函数 $\varphi(y,x) = \dfrac{1}{\sqrt{2\pi}} e^{iyx}$ 来证明。这些函数不满足(16);(16)式中出现的积分这时是不确定式,并且当 $x \neq z$ 时不等于零。因此,对于连续基底函数,我们宁可采用(13)—(15)来间接定义正交规一性。这样我们便能证明,连续傅里叶函数在这意义上是正交规一化的。附带说一句,在某些情况下,例如在以后的函数中,也能用严格方法给出正交规一化条件的直接公式表示,而无须使用 δ 符号;但是这些方法的介绍已经超出本书的范围。总而言之,量子力学的全部结果都能用严格方法导得。我们可以满足大家不用 δ 符号的要求,只要这样做起来不困难;但有时为了书写简单起见,我们将使用它,这时就得请大家原谅了。

连续情形的另一特点和变量的改变问题有关。变量的改变使得展开式中出现一个密度函数 r。例如,如以变量 u 代替 y,并且它们的关系是

$$y = y(u), \quad dy = \frac{\partial y}{\partial u} du \tag{21}$$

则令

$$r(u) = \frac{\partial y}{\partial u} \tag{22}$$

我们便得到展式

$$\psi(x) = \int \sigma(u)\varphi(u,x)r(u)du \tag{23}$$

在含有 δ 符号的关系式中,也必须引入密度函数 $r(u)$。例如(17)式第一个积分这时变为

$$\int \delta^{(r)}(u,z)r(u)du = 1 \tag{24}$$

式中 $\delta^{(r)}(u,z)$ 要看成 $\delta(y,z)$ 通过变换(21)得到的函数。这时关系式(16)和(14)保持不变,但(15)式采取如下的形式:

$$\int |\psi(x)|^2 dx = \int |\sigma(u)|^2 r(u)du \tag{25}$$

如果用另一个变量来代替 x,也可得到类似的变化。

§10. 函数空间的几何解释

分立情形还有一种几何解释。让我们暂且假定足标只从 1 跑到 3,并假定 ψ_k 和 σ_i 都是实数。于是,ψ 和 σ 都可以看作三维空间中的矢量,分别有三个分量 ψ_1, ψ_2, ψ_3 和 $\sigma_1, \sigma_2, \sigma_3$。这时§9中的(6)式所表示的是一矢量变换,由矩阵 φ_{ik} 确定。

空间的结构取决于它的度规。我们这里所考虑的空间是**欧几里得**空间,即其度规在正交坐标系中由毕德哥拉斯定理给定,这个定理是把一个矢量 a 的**长度**平方确定为它的分量的平方之和:

$$a^2 = a_1{}^2 + a_2{}^2 + a_3{}^2 \tag{1}$$

由两个矢量构成的这个表式的推广称为**内积**（或称标量积）：

$$(a,b) = a_1 b_1 + a_2 b_2 + a_3 b_3 \tag{2}$$

这个数学表式常用来确定**正交**关系。当且仅当两个非零矢量的内积等于零时，它们才是彼此正交的。长度可以看成内积的特例，即是一个矢量与其本身的内积。

我们可以认为在空间架起的正交坐标取决于一组彼此正交的单位矢量 $u_{(1)}, u_{(2)}, u_{(3)}$。矢量 $u_{(1)}$ 的分量是 $1, 0, 0$；矢量 $u_{(2)}$ 的分量是 $0, 1, 0$；类似地，矢量 $u_{(3)}$ 的分量是 $0, 0, 1$。这组矢量的正交性和单位性可表为如下条件：

$$(u_{(i)}, u_{(k)}) = \delta_{ik} \tag{3}$$

此外，一个矢量 a 能表成这些单位矢量的线性函数：

$$a = a_1 \cdot u_{(1)} + a_2 \cdot u_{(2)} + a_3 \cdot u_{(3)} \tag{4}$$

在两端取其与 $u_{(1)}$ 的内积，并利用（3）式，便可得到

$$(a, u_{(1)}) = a_1 \tag{5}$$

对其他分量也能导出类似的关系，所以用单位矢量确定矢量各分量的一般公式可写为：

$$(a, u_{(i)}) = a_i \tag{6}$$

内积是矢量的线性函数，即它满足下列二式：

$$(a, k \cdot b) = k \cdot (a, b) \tag{7}$$

$$(a, b + c) = (a, b) + (a, c) \tag{8}$$

式中 k 是任一实数，a, b 和 c 是任一实矢量。

如果我们不想用单位矢量 $u_{(i)}$，而想引用另一单位矢量集 $\nu_{(k)}$ 来代替 $u_{(i)}$ 的话，那么通过下列变换可以做到这点：

$$v_k = \sum_i c_{ki} u_{(i)} \tag{9}$$

这里以及在以后的公式中,求和指标 i 都是从 1 跑到 3。为了使得集 $v_{(k)}$ 是正交的,系数 c_{ki} 必须满足正交条件:

$$\sum_k c_{ki} c_{km} = \delta_{im} \qquad \sum_i c_{ki} c_{mi} = \delta_{km} \tag{10}$$

然后通过下列推算便可得知 v_k 的正交性:

$$
\begin{aligned}
(v_{(k)}, v_{(m)}) &= \left(\sum_i c_{ki} u_{(i)}, \quad \sum_n c_{mn} u_{(n)} \right) = \\
&= \sum_i \sum_n c_{ki} c_{mn} (u_{(i)}, u_{(n)}) = \\
&= \sum_i \sum_n c_{ki} c_{mn} \delta_{in} = \sum_i c_{ki} c_{mi} = \delta_{km}
\end{aligned} \tag{11}
$$

(9)式的逆变换是

$$u_{(i)} = \sum_k c_{ki} v_{(k)} \tag{12}$$

这是利用(10)得出的结果,这时我们是把(9)式两端乘以 c_{km},并对 k 求和,最后再将足标 m 改为 i:

$$
\begin{aligned}
\sum_k c_{km} v_{(k)} &= \sum_k \sum_i c_{ki} c_{km} u_{(i)} = \\
&= \sum_i u_{(i)} \sum_k c_{ki} c_{km} = \sum_i \delta_{im} u_{(i)} = u_{(m)}
\end{aligned} \tag{13}
$$

54　矢量 a 在新参考系中的分量由下式确定:

$$
\begin{aligned}
a_k' = (a, v_{(k)}) &= \left(a, \sum_i c_{ki} u_{(i)} \right) = \\
&= \sum_i c_{ki} (a, u_{(i)}) = \sum_i c_{ki} a_i
\end{aligned} \tag{14}
$$

这说明矢量的分量所遵从的变换规律和单位矢量的变换规律相同。这一点对逆变换也成立:

$$a_i = \sum_k c_{ki} a_k' \tag{15}$$

它是从(14)式得出的结果,其证明类似于(13)。

长度和内积都是正交变换中的**不变量**,即有下列关系:

$$\left.\begin{array}{l}(a,a)=a_1{}^2+a_2{}^2+a_3{}^2=a_1{}'^2+a_2{}'^2+a_3{}'^2\\(a,b)=a_1b_1+a_2b_2+a_3b_3=a_1{}'b_1{}'+a_2{}'b_2{}'+a_3{}'b_3{}'\end{array}\right\} \quad (16)$$

我们仅对内积证明这点就够了,因为长度是内积的特例。我们有

$$\begin{aligned}(a,b)&=\sum_i a_ib_i=\sum_i\sum_k\sum_m c_{ki}a_k{}'c_{mi}b_m{}'\\&=\sum_k\sum_m\left(\sum_i c_{ki}c_{mi}\right)a_k{}'b_m{}'\\&=\sum_k\sum_m\delta_{lm}a_k{}'b_m{}'=\sum_k a_k{}'b_k{}'\end{aligned} \quad (17)$$

所有这些关系都可推广到无限多维数的空间,只要小心地对待长度和内积这类表式的收敛性;这时我们是假定矢量 a 的各分量随 i 的增大收敛到零,但使这些表式保持为有限。在这样的小心假定下,我们能把求和项看成是可以交换的。在此限制下,上述公式当求和指标从 1 跑到 ∞ 时也同样成立。

此外,这些关系也能推广到复矢量情形,即矢量的各分量是复数的情形。这时内积由下一表式确定:

$$(\psi,\sigma)=\sum_i\psi_i\cdot\sigma_i{}^* \quad (18)$$

同样,长度平方的定义为:

$$(\psi,\psi)=\sum_i\psi_i\cdot\psi_i{}^* \quad (19)$$

因此,长度是一个正实数,它仅当 ψ 为零时方才等于零。内积一般是复数,它满足下列关系: 55

$$(\psi,\sigma)=(\sigma,\psi)^* \quad (20)$$

此外,它还具有如(7)—(8)式昕表示的线性:

$$\left.\begin{aligned}(\kappa \cdot \psi, \sigma) &= k \cdot (\psi, \sigma) \\ (\psi, \kappa \cdot \sigma) &= \kappa^* \cdot (\psi, \sigma) \\ (\psi, \sigma + \tau) &= (\psi, \sigma) + (\psi, \tau)\end{aligned}\right\} \qquad (21)$$

式中 κ 是复常数,不是矢量。对于实数,所有这些关系都和前面给出的相同。向复数推广必须看成是一个约定,它使我们能像处理实矢量那样地来处理复矢量。例如我们可以说,两个复矢量当内积(18)等于零时彼此是正交的。

把这两种推广形式结合起来,我们就可以认为公式(18)—(21)在无限多维数的情况下也成立,即当是标 i 从 1 跑到 ∞ 时也成立。(18)和(19)两个量的存在可由矢量的定义得到保证,这就是说,凡是长度和内积没有确定有限值的实体 ψ 和 σ,都不能称为矢量。

度规(18)和(19)所定义的空间称为**幺正空间**,或称**希尔伯空间**。这个术语是无限多维数欧几里得空间的复数模拟,后者也就是能在其中建立正交直线坐标系的空间。如果引入复数单位矢量 ε_i,使其满足正交关系

$$(\varepsilon_{(i)}, \varepsilon_{(k)}) = \delta_{ik} \qquad (22)$$

则每个矢量 ψ 都可表示成这些单位矢量的线性函数:

$$\psi = \sum_k \psi_k \varepsilon_{(k)} \qquad (23)$$

和以前一样,分量 ψ_k 由下式确定:

$$\psi_k = (\psi, \varepsilon_{(k)}) \qquad (24)$$

向另一组正交单位矢量 $\eta_{(i)}$ 的变换称为**幺正变换**,它由下式确定:

$$\eta_{(i)} = \sum_k \varepsilon_{(k)} \varphi_{ik} \qquad \varepsilon_{(k)} = \sum_i \eta_{(i)} \varphi_{ik}^* \qquad (25)$$

式中的系数满足正交关系：

$$\sum_k \varphi_{ik}\varphi_{mk}{}^* = \delta_{im} \qquad \sum_i \varphi_{ik}\varphi_{in}{}^* = \delta_{km} \qquad (26)$$

仿照(13)式的推导，我们能证明，在假定(26)式成立的情况下，(25)中的第二式可由第一式推出。在此条件下矢量 $\eta_{(i)}$ 的长度等于 1 并且彼此正交，这一点的证明不难仿照(11)式给出。系数 φ_{ik} 同样也确定着矢量 ψ 的各分量 ψ_k 变换为新的分量 σ_i：

$$\psi_k = \sum_i \sigma_i \varphi_{ik} \qquad \sigma_i = \sum_k \psi_k \varphi_{ik}{}^* \qquad (27)$$

这些关系的证明类似于(14)。长度和内积在这样的变换中是不变量，即有如下关系：

$$(\psi, \psi) = \sum_k \psi_k \psi_k{}^* = \sum_i \sigma_i \sigma_i{}^* \qquad (28)$$

$$(\psi, \chi) = \sum_k \psi_k \chi_k{}^* = \sum_i \sigma_i \tau_i{}^* \qquad (29)$$

式中 χ 是 ε 系中的第二个矢量，τ_i 表示它在 η 系中的分量。

关系式(26)和(27)相当于 §9 的(12)式和(9)—(10)式；(28)式相当于 §9 的(11)式。我们看到，用正交函数集来展开相当于无限多维数幺正空间中的一次幺正变换。

按照克莱茵的意见[①]，任何一个这样的变换都能用两种方法来解释，可以分别把它们称为**被动解释**和**主动解释**。我们迄今所用的解释是被动解释。按照这一解释，我们把 ψ 和 σ 看作**同一个**矢量在**不同坐标系中的**表示。这时矩阵 φ_{ik} 代表**坐标系的变换**，§9 中的(9)式是把 ψ 系中矢量的各分量确定为该矢量在 σ 系中

---

① F. Klein, *Elementarmäthematih nom höheren Standpunkie uus*, 第 II 卷(Berlin, 1925), 74 页。

各分量的函数。因为变换是幺正的,所以它表示坐标系的单纯转动以及镜反射。

在主动解释中,我们把 ψ 和 σ 看成**不同的**矢量在**同一个**坐标系中的表示。这时矩阵 φ_{ik} 表示一个**算符**。从算符这个术语的一般意义来说,它表示一种规别,使给定一个实体或函数对等于另一实体或函数。这种借算符表示出来的对等关系,总可以解释为空间中的一种形变,它使得一个实体或函数变为另一实体或函数。在我们这里所考虑的情况下,算符 φ_{ik} 使每个给定的矢量对等于另一矢量。由于变换的幺正性,它所产生的空间形变具有比较简单的性质;它仅仅表示空间的转动以及镜反射。还有一种主动解释的说法,其中我们不说空间的形变,而说矩阵 φ_{ik} 实现着两个不同的空间彼此对等。

几何语言也能推广到 §9 中(13)—(15)的连续情形。这时我们是把函数 ψ 和 σ 看作空间 F 中的矢量,这个空间的维数具有连续统的性质。我们必须了解,在空间 F 中 x 和 y 都不是坐标,而是用来命数维度的,即与分立函数足标 i 所起的作用一样,x 的一个特定值确定着一个维度,这个维度的坐标值则是数值 $\psi(x)$。$\psi(x)$ 的数值全体便是矢量 ψ。所以空间 F 称为**函数空间**。因为这个空间中的每个点对应于一整个函数。和从前一样,这空间的度规取决于长度和内积的表式,它们的存在是确定矢量的条件。在现在的情况下,这些表式由下列关系确定:

$$(\psi,\psi) = \int \psi(x)\psi^*(x)dx$$

$$= \int \sigma(y)\sigma^*(y)dy = (\sigma,\sigma) \qquad (30)$$

$$(\psi,\chi) = \int \psi(x)\chi^*(x)dx$$

$$= \int \sigma(y)\tau^*(y)dy = (\sigma,\tau) \qquad (31)$$

(30)式相当于§9中的(15)式。幺正变换可通过§9(16)式中所用的虚拟符号来定义，也可通过下一要求来定义：表式(30)和(31)在变换中是不变量。在变换的被动解释中，x 值所确定的坐标轴不同于 y 值所确定的轴。在主动解释中，这些轴可以是相同的。

几何语言也可应用于非均匀情形，这时，如果采用被动解释，我们就把 $\psi(x)$ 和 σ_i 看成同一个矢量在不同坐标系中的表示，不同坐标系之间的变换由非均匀矩阵 $\varphi_i(x)$ 确定。§9 中的(3)式表示长度的不变性。因此，在这解释中，同一个空间能用两种方法建立起来：它可以用可数的无限多维数来建立，也可以用连续无限多维数来建立。[①] 在这种情形的主动解释中，我们是用不同空间的说法。这时，混合矩阵 $\varphi_i(x)$ 使得一个可数无限多维空间中的矢量对等于连续无限多维空间中的矢量。

§11. 逆变换和复合变换

58

几何语言使我们能借助幺正变换来讨论有关正交展开的数学运算。为了分析变换的性质，我们必须回答两个问题：首先一个问

---

①　这里对"维数"这个术语的理解是确定空间一点所需参数的个数。这个术语还有另一种意义，即被定义为线性无关的矢量个数。这些矢量在一个具有连续维数（在此术语的前一种意义上说）的空间中也是可数的。只有在有限维数的空间中，两种意义才是一致的。

题是,给定变换的逆变换是什么;其次是,反复进行两次变换复合而成的变换是什么。我们仅对幺正变换回答这些问题,在此过程中,我们将揭示出正交展开的其他性质。先从分立情形开始。

逆变换的问题不难由 §9 的(10)式得到答案。令 φ^{-1} 是 φ 的逆变换;我们仿照 §9 中的(9)式用下列关系来定义 φ^{-1}:

$$\sigma_i = \sum_k \psi_k \varphi_{ki}{}^{-1} \tag{1}$$

我们是这样来选择这个定义的:和 §9 中的(9)式一样,规定对 $\varphi_{ki}{}^{-1}$ 的第一个足标求和。字母 i 和 k 的选择当然无关紧要。比较 §9 中的(10)式可知

$$\varphi_{ki}{}^{-1} = \varphi_{ik}{}^* = \tilde{\varphi}_{ki} \tag{2}$$

这意味着把原变换中的两个足标对调并取其复数共轭,即可得到逆变换。这样得到的矩阵称为 φ_{ki} 的**伴随矩阵**,用弧符号(⌣)来表示。[①] 我们看到,在幺正变换理论中,符号 φ^{-1} 是可以有意义的。因为我们仅仅讨论幺正变换,所以逆变换总可以直接用符号 $\check{\varphi}$ 来表示。虽然这里是根据幺正变换的定义借助 §9 中的正交条件(7)推出条件(2)的,但经常是反过来把条件(2)用作幺正变换的定义。

复合变换问题的提法如下。我们迄今所考虑的 ψ 系和 σ 系之间的变换都是由矩阵 φ_{ik} 确定的。现在让我们再考虑 σ 系和第三个称为 τ 系的坐标系之间的变换,令 ω_{km} 是这两个坐标系之间的变换矩阵。于是我们有

$$\psi_k = \sum_i \sigma_i \varphi_{ik} \tag{3}$$

---

① 有些书中不用这个符号,而用符号 †。

$$\sigma_i = \sum_m \tau_m \omega_{mi} \qquad (4)$$

从这些关系可以得到 ψ 系和 τ 系之间的直接变换如下：

$$\left. \begin{aligned} \psi_k &= \sum_i \sum_m \tau_m \omega_{mi} \varphi_{ik} \\ &= \sum_m \tau_m \chi_{mk} \end{aligned} \right\} \qquad (5)$$

$$\chi_{mk} = \sum_i \omega_{mi} \varphi_{ik} \qquad (6)$$

若 φ 和 ω 是正交的，则 χ 也是正交的。这可证明如下：

$$\begin{aligned} \sum_k \chi_{mk} \chi_{nk}{}^* &= \sum_k \sum_i \omega_{mi} \varphi_{ik} \sum_l \omega_{nl}{}^* \varphi_{lk}{}^* \\ &= \sum_i \sum_l \omega_{mi} \omega_{nl}{}^* \sum_k \varphi_{ik} \varphi_{lk}{}^* \\ &= \sum_i \sum_l \omega_{mi} \omega_{nl}{}^* \delta_{il} = \sum_i \omega_{mi} \omega_{ni}{}^* = \delta_{mn} \quad (7) \end{aligned}$$

因此，(5)式可以看成是 ψ_k 对正交集 χ_{mk} 的展式。反复进行两次正交展开构成一个新的正交展开。

(6)式是把新的集 χ 确定为两个给定集 ω 和 φ 的函数；这个式子表示的是张量的**矩阵乘法**，这些张量对求和指标是反对称的。将此式分别乘以 $\varphi_{lk}{}^*$ 或 $\omega_{ml}{}^*$ 并对 k 或 m 求和，我们就能解出 ω_{mi} 或 φ_{ik} 由此我们得到

$$\omega_{ml} = \sum_k \chi_{mk} \varphi_{lk}{}^* \qquad (8)$$

$$\varphi_{lk} = \sum_m \omega_{ml}{}^* \chi_{mk} \qquad (9)$$

利用逆变换的符号可将这些式子写成：

$$\omega_{ml} = \sum_k \chi_{mk} \check{\varphi}_{kl} \qquad (10)$$

$$\varphi_{lk} = \sum_m \check{\omega}_{lm} \chi_{mk} \qquad (11)$$

这种写法表示这些式子所采取的也是矩阵乘法的形式。

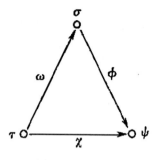

图 7. 三角变换

　　这些式子可用图 7 所示的图解方法来说明,图中的箭头表示
60 变换。箭头方向是这样来选样的;例如,φ 表示从 σ 导致 ψ 的变
换;这相当于(3)式,因为(3)式表示可由给定的 σ 确定一个 ψ。矢
量 χ 从几何上说等于矢量 ω 和 φ 之和;相应的变换 χ 取决于(6)
式,它是 ω 和 φ 两个变换的矩阵乘积。[①](6)的一般形式可表为如
下的关系式:

$$Trn(\tau,\psi) = Trn(\tau,\sigma) \times Trn(\sigma,\psi) \qquad (12)$$

式中,变换 φ 等用形如 $Trn(\sigma,\psi)$ 的符号来表示,叉号表示矩阵乘
法。(10)和(11)分别是把箭头 φ 和 ω 的方向倒转过来的结果;它
们也能表成相应于(12)的形式。

　　变换的三角形关系可以总结为下列公式:

---

　　① 图中,我们使用的是这样一种矢量表示方法:规定矢量不能平行于本身移动。
这个条件是必要的。这是为了使得矢量加法不满足对易律,以便符合矩阵乘法的不可
对易性。

$$\psi_k = \sum_i \sigma_i \varphi_{ik} = \sum_m \tau_m \chi_{mk} \tag{13a}$$

$$\sigma_i = \sum_m \tau_m \omega_{mi} = \sum_k \psi_k \tilde{\varphi}_{ki} \tag{13b}$$

$$\tau_m = \sum_k \psi_k \check{\chi}_{km} = \sum_i \sigma_i \tilde{\omega}_{im} \tag{13c}$$

$$\chi_{mk} = \sum_i \omega_{mi} \varphi_{ik} \tag{13d}$$

$$\omega_{ml} = \sum_k \chi_{mk} \check{\varphi}_{kl} \tag{13e}$$

$$\varphi_{lk} = \sum_m \tilde{\omega}_{lm} \chi_{mk} \tag{13f}$$

(13d)式还有进一步的解释。让我们把足标 m 看作常数。为了表示这点,我们把它用括号括起来。于是(13d)所表示的是 $\chi_{(m)k}$ 对正交集 φ_{ik} 的展开,其中 $\omega_{(m)i}$ 是展开系数。但当 m 变动时, $\chi_{(m)k}$ 所代表的不是形如 ψ_k 的一个函数,而是代表一个函数集,其中每个函数有一个特定的 m 值。因此,一组 $\omega_{(m)i}$ 表示对 φ_{ik} 所作的展开中一组相应的展开系数。[①] 对(13e)和(13f)也能作同样的解释。61 我们写这些式子的方法是使右端第一项对应于展开系数,以后的项对应于基底函数。我们的结果可以陈述如下:在三角变换中,我们能适当选择变换的方向,使得给定一个变换可以看作第二个变换用第三个变换来展开的一组展开系数。

---

① 这个解释不能反过来说,即不能说(13d)式中的 ω_{mk} 也可看成基底函数,而 φ_{ik} 是一组展开系数。这样说是错误的。原因是我们在定义展开时,规定求和仅对第一个足标进行。可是(13d)能改写为如下形式:

$$\chi_{mk} = \sum_i \varphi_{ki}^* \tilde{\omega}_{im}^*$$

在此形式时,函数 $\tilde{\varphi}^*$ 是展开系数; $\tilde{\omega}^*$ 是基底函数。

以上的结果可以转用到连续情形。这时逆变换 $\check{\varphi}(x,y)$ 由下式确定：

$$\sigma(y) = \int \psi(x)\check{\varphi}(x,y)dx \tag{14}$$

$$\check{\varphi}(x,y) = \varphi^*(y,x) \tag{15}$$

在连续情形下，变换的三角形关系是

$$\psi(x) = \int \sigma(y)\varphi(y,x)dy = \int \tau(z)\chi(z,x)dz \tag{16a}$$

$$\sigma(y) = \int \tau(z)\omega(z,y)dz = \int \psi(x)\check{\varphi}(x,y)dx \tag{16b}$$

$$\tau(z) = \int \psi(x)\check{\chi}(x,z)dx = \int \sigma(y)\check{\omega}(y,z)dy \tag{16c}$$

$$\chi(z,x) = \int \omega(z,y)\varphi(y,x)dy \tag{16d}$$

$$\omega(z,y) = \int \chi(z,x)\check{\varphi}(x,y)dx \tag{16e}$$

$$\varphi(y,x) = \int \check{\omega}(y,z)\chi(z,x)dz \tag{16f}$$

这些式子完全相当于 (13) 式所给分立情形下的式子。

非均匀的情形比较复杂，因为从 $\psi(x)$ 到 σ_i 的一步在结构上不同于逆步骤，这是由于连续变量和分立变量不同。因此我们不能 62 定义一种其结构和原来变换相同的逆变换，而必须停留在 §9 中 (2) 式所示的逆步骤上。

此外，复合变换也会随着我们把变换 ω 选作分立矩阵或是选作非均匀矩阵而有所不同。当我们使用分立的 ω 时，变换的三角形关系如下：

$$\psi(x) = \sum_i \sigma_i \varphi_i(x) = \sum_m \tau_m \chi_m(x) \tag{17a}$$

$$\sigma_i = \sum_m \tau_m \omega_{mi} = \int \psi(x) \varphi_i^*(x) dx \qquad (17b)$$

$$\tau_m = \int \psi(x) \chi_m^*(x) dx = \sum_i \sigma_i \check{\omega}_{im} \qquad (17c)$$

$$\chi_m(x) = \sum_i \omega_{mi} \varphi_i(x) \qquad (17d)$$

$$\omega_{mi} = \int \chi_m(x) \varphi_i^*(x) dx \qquad (17e)$$

$$\varphi_i(x) = \sum_m \check{\omega}_{im} \chi_m(x) \qquad (17f)$$

这些式子相应于均匀情形中的关系式,差别在于符号 $\varphi_i^*(x)$ 代替了逆变换符号的地位。和前面一样,这些式子写的方法是使右端的第一项相应于展开系数,以后的项相应于基底函数。对于非均匀的 ω 不准导得相应的关系式。

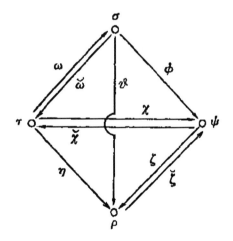

图 8.　四边变换

以上关系可以推广到有四组不同基底函数的情形,它们构成四边变换的关系(图 8)。我们只对分立情形把这些关系写出来。例如,在图 8 中,如果我们始终遵守关于箭头的规则,并且注意弧符号的使用意味着箭头倒过来,则有

$$\varphi_{ik} = \sum_m \check{\omega}_{im} \chi_{mk} \qquad \zeta_{kl} = \sum_n \check{\chi}_{kn} \eta_{nl} \qquad (18)$$

$$\theta_{il} = \sum_k \varphi_{ik} \zeta_{kl} = \sum_k \sum_m \sum_n \check{\omega}_{im} \chi_{mk} \check{\chi}_{kn} \eta_{nl} = \sum_m \check{\omega}_{im} \eta_{ml} \qquad (19)$$

因为

$$\sum_k \chi_{mk} \check{\chi}_{kn} = \delta_{kn} \qquad (20)$$

我们看到,如果假定三个三角形 $\sigma\psi\tau$, $\psi\tau\rho$, $\sigma\psi\rho$ 有三角变换关系,则第四个三角形 $\sigma\rho\tau$ 也有这种关系。对连续情形和非均匀情形也能证明同样的桔果。

这些结果可用来确定两个对角变换 θ 和 χ 之间的关系。因为

$$\check{\omega}_{im} = \sum_k \varphi_{ik} \check{\chi}_{km} \qquad (21)$$

故(19)式导致

$$\theta_{il} = \sum_k \sum_m \varphi_{il} \check{\chi}_{km} \eta_{ml} \qquad (22)$$

在图形解释中,这意味着我们用(21)中的"和"代替了(19)中 $\check{\omega}_{im}$ 一项。因此(22)式表明 $\varphi, \check{\chi}, \eta$ 这一列箭头等价于箭头 θ。用(12)式的写法可将(22)式写成

$$Trn(\sigma, \rho) = Trn(\sigma, \psi) \times Trn(\psi, \tau) \times Trn(\tau, \rho) \qquad (23)$$

所有这些关系都不难推广到连续情形和非均匀情形。让我们只把对今后有用的下列关系写下来,它们是从四边变换的关系式中取出的:

$$\psi(x) = \sum_k \sigma_k \varphi_k(x) = \sum_m \rho_m \check{\zeta}_m(x) \qquad (24)$$

$$\rho_m = \sum_k \sigma_k \theta_{km} \tag{25}$$

$$\varphi_k(x) = \sum_m \theta_{km} \check{\zeta}_m(x) \tag{26}$$

$$\chi_k(x) = \sum_m \eta_{km} \check{\zeta}_m(x) \tag{27}$$

§12. 多变量函数和位形空间

64

以上提出的关系可以推广到多变量情形。让我们从 §9 的连续情形 (13) 开始。我们把 x 改为一组变量 $x_1 \cdots x_n$，把 y 改为一组 $y_1 \cdots y_n$；相应地，把积分改为多重积分。因此 §9 中 (13)—(16) 变为

$$\psi(x_1 \cdots x_n) =$$
$$= \int \cdots \int \sigma(y_1 \cdots y_n) \varphi(y_1 \cdots y_n, x_1 \cdots x_n) dy_1 \cdots dy_n \tag{1}$$

$$\sigma(y_1 \cdots y_n) =$$
$$= \int \cdots \int \psi(x_1 \cdots x_n) \varphi^*(y_1 \cdots y_n, x_1 \cdots x_n) dx_1 \cdots dx_n \tag{2}$$

$$\int \cdots \int |\psi(x_1 \cdots x_n)|^2 dx_1 \cdots dx_n =$$
$$= \int \cdots \int |\sigma(y_1 \cdots y_n)|^2 dy_1 \cdots dy_n \tag{3}$$

$$\int \cdots \int \varphi(y_1 \cdots y_n, x_1 \cdots x_n) \varphi^*(z_1 \cdots z_n, x_1 \cdots x_n) dx_1 \cdots dx_n =$$
$$= \delta(y_1, z_1) \cdots \delta(y_n, z_n) \tag{4}$$

这里是用 §9 中 (16) 式所引入的虚拟符号来表示正交规一化条件的；在现在的情况下，我们用的是这些符号的乘积，它仅当每个符

号中 y_i 和 z_i 的相应数值都彼此相等时,方才异于零;否则乘积等于零。我们在一个变量情况下给出的全部定理和证明,都能写成适合于多变量函数的形式。因此,这种广义展开的理论在形式上可由简单展开的理论得到。

对于 §9 中的非均匀情形(9),可以提出类似的公式。这时我们得到的系数将不是 σ_i,而是 $\sigma_{i1}\cdots\sigma_{in}$;函数将不是 $\psi_i(x)$,而是 $\psi_{i1}\cdots\psi_{in}(x_1\cdots x_n)$。但因为这些常数和函数的个数是可数的,所以我们总可以引用一种写法,只对一个活动足标 i 计数,而把多重求和简单地改成对 i 一次求和。由此我们得到下列公式

$$\psi(x_1\cdots x_n) = \sum_i \sigma_i \varphi_i(x_1\cdots x_n) \tag{5}$$

$$\sigma_i = \int\cdots\int \psi(x_1\cdots x_n)\varphi_i{}^*(x_1\cdots x_n)dx_1\cdots dx_n \tag{6}$$

$$\int\cdots\int |\psi(x_1\cdots x_n)|^2 dx_1\cdots dx_n = \sum_i |\sigma_i|^2 \tag{7}$$

$$\int\cdots\int \varphi_i(x_1\cdots x_n)\varphi_k{}^*(x_1\cdots x_n)dx_1\cdots dx_n = \delta_{ik} \tag{8}$$

§9 中(9)式的分立情形不必推广,因为分立函数 ψ_{ik} 总可以改为具有一个足标 i 的分立函数,至少在那些同时对两个足标进行多重求和的应用场合可以如此。

现在我们来考虑另一种几何解释,它不同于 §10 中所作的解释,并且特别适用于多变量情形,但也能用于一个变量 x。在这种解释中,我们考虑的是一个 $n+1$ 维空间 C,它由 n 个变量 $x_1\cdots x_n$ 再加上 ψ 作为一个维度构成。这种空间常称为**位形空间**。这时展式(1)可以看成是空间 C 中的一个变换。

正如在其他场合一样,这里也有被动和主动两种解释。在被

动解释中,我们把函数 $\psi(x_1 \cdots x_n)$ 和 $\sigma(y_1 \cdots y_n)$ 看作同一的;因此变换是指坐标的变换。在主动解释中,我们把 $x_1 \cdots x_n$ 和 $y_1 \cdots y_n$ 等同看待;这时变换便具有算符的特色,它实现着 ψ 面和 σ 面之间的对等关系。这里也可以采用 $x_1 \cdots x_n$ 和 $y_1 \cdots y_n$ 是两个不同空间的说法;这时变换也作算符解释。

现在我们要来说明这种几何解释同 §10 中所提解释的基本区别。在后一种解释中,变换具有**点变换**的特征。如果采用主动解释,这就意味着函数空间 F 中的每个点确定着 F 中的一个对等点。但是用位形空间 C 所作的解释并不导致点变换。整个 σ 面确定着一个 ψ 面;而这种对等关系并不是通过点对点来完成的,因为 σ 在一定区域内发生的形变会改变(1)式的积分值,从而改变整个 ψ 面。我们甚至不能指出 σ 面上给定一点对等于 ψ 面上的哪一点。这可以说是一种整体变换,因为(1)式所实现的是作为整体的面与面之间的对等关系。

在被动解释中我们发现有同样的特点;就是说,坐标变换不是点变换,而是整体变换,它与 ψ 面(或 σ 面)的形状有关。因为这不同于通常所说的坐标变换,所以在这情况下似乎采用主动解释好些。

因为(1)式中 ψ 和 σ 之间的关系是用积分来表示的,所以展式(1)又称为**积分变换**。我们看到,积分变换既可以在函数空间中解释为点变换,也可在位形空间中解释为整体变换。

在分立情形和非均匀情形下,用位形空间来解释似乎不太好,但它当然也是能用的。

66

§13. 从德布洛意原理推导薛定谔方程

以上几节所介绍的关系完全属于数学的范围。本节和以后几节将转到物理方面。现在我们所要考虑的问题就是用量子力学方法如何确立物理实体之间的关系。

为此我们就要了解，量子力学可以解释为经典力学的推广。这个推广已经通过一个规则的建立完成了，借助这个规则能够把经典力学的方程改造成量子力学方程。因为经典关系是因果关系，而量子关系是几率关系，所以制定改造规则的方法就是模拟因果律来确定几率律。我们不得不用这种推广方法，因为经典力学是我们能够借以构造量子力学新领域的唯一出发点。另一方面，很明显，我们并没有什么纯逻辑的指南来指导我们确定推广的方法。逻辑上的全部要求只是：新关系在 $h=0$ 的极限情况下必须与经典关系相同；但是这个要求容许推广的规则有很大程度的任意性。

因此，制定这些规则的方法不能靠逻辑推理找到。这里，物理学家的直觉指出了道路。诚然，做过这个工作的人都感到有必要给自己所创立的假定提出逻辑根据；这个显然是逻辑的思想路线，看来在那些要把天才的猜测转变为数学公式的人的手里成了一个重要工具。德布洛意的指导思想是[①]，光所表现出来的波粒二象性也应当进一步体现在基本物质粒子上；薛定谔是依靠力学和光

---

① *Ann. d. Phys.*(10)，第 3 卷(Paris，1925)，22 页。

学的类似①,这使他能够在同几何光学与波动光学类比的基础上创立了经典力学过渡到波动力学的方法;海森堡则认为,既然关于原子中电子轨道的陈述不能直接得到证实,那么,矩阵关系中所表示的那些关于跃迁几率的陈述一定包括了我们对基本粒子所能说的一切。以后一段批判时期中所作的分析表明,这些推理的结论尽管是真的,但不能认为这些推理本身有效。我们今天之所以把这些结论当作一个很有基础的物理理论,其理由在于由此得到的数学体系与已知的观测结果表现了惊人的符合,并且它对新设计的实验结果也显示有预言的能力。因此,量子力学的历史发展是 67 一个说明**发现的角度**和**整理的角度**之间有着明显区分的例证,任何科学探索都必须作出这种区分②。如果允许我在这里引用薛定谔在一封写给我的信里所说的一句话(这封信是在他的伟大的量子力学发现之前几年写的),那就是,发现的途径贯通着"一系列的推理,这些推理被深深埋藏在本能猜测的黑幕中"。当理论一经创立以后,就必须从整理的角度去审定它,即根据我们从它的经验成就中获得的归纳证据去审定它。

为了弄清楚这个区分,让我们考虑一下如何从普朗克和德布洛意所提出的原理导出物质波的薛定谔微分方程。这里考虑的不是薛定谔原来所用的推导方法,而是他原来方法的逻辑提炼,是后来构想出来的,我们用它是因为对薛定谔的观念作精确的分析就会远离本书的目的,本书仅仅讨论逻辑分析的问题。

①　*Ann. d. Phys.*(4),第 79 卷(Leipzig,1920),361,489 页。
②　参看作者的 *Experience and Prediction*(Chicago,1938),7 页。

　　粒子概念之引入光的波动论,可以回溯到普朗克的量子 h 的引入。按照普朗克假设,每个频率为 ν 的光波都带有一个能量子,其大小为[①]

$$H = h \cdot \nu \tag{1}$$

普朗克假设后来又为爱因斯坦的观念所补充,按照这一观念,任何光波都类似地对应有下列大小的动量

$$p = \frac{h\nu}{c} = \frac{h}{\lambda} \tag{2}$$

就动量是一个具有方向的实体来说,它不同于能量;所以它要用矢量代表,其分量为 p_i。同样我们应有分量为 λ_i 和 c_i 的矢量。(2)式仅对这些矢量的绝对值 p,c 和 λ 成立。对它们的分量而言,我们有下列关系:

$$p_i = \frac{h}{\lambda^2}\lambda_i \tag{3}$$

如果引入**波数矢量**,这些关系便可大大简化。波数矢量的分量是

$$b_i = \frac{\lambda_i}{\lambda^2} \tag{4}$$

68 这矢量的绝对值 b 是在波的运动方向上单位长度之内波数的量度,它由 $b = \frac{1}{\lambda}$ 确定,利用(4)式可将(2)和(3)写成如下形式:

$$p = h \cdot b \qquad\qquad p_i = h \cdot b_i \tag{5}$$

这就使得动量关系类似于普朗克的关系式(1),不过形式上有一个差别:能量关系是标量关系,而动量关系是矢量关系。

---

　　① 我们采用通常的记法,即用字母"ν"和"λ"表示频率和波长,这就改变了我们用希腊字母表示复数的规定。

我们可以认为爱因斯坦的假定是赋于光波以微粒性,因而是光的二象性之陈述。德布洛意跨出了决定性的一步,他把这种波粒二象性推广到物质粒子上,认为每个实际存在的粒子都对应有一个波。这个波的频率 ν 通过(1)式取决于粒子的能量。德布洛意发现,这些波的速度 w 不能等于光速 c,因此波的动量必须仿照(2)和(5)写成如下形式:

$$p = \frac{h\nu}{\omega} = \frac{h}{\lambda} = h \cdot b \qquad p_i = h \cdot b_i \qquad (6)$$

德布洛意从自由粒子动量的相对论性表式(式中 v 是粒子的速度)

$$p = \frac{Hv}{c^2} = \frac{h\nu v}{c} \qquad (7)$$

推知,自由粒子波的速度(即相速度)必须给定为

$$w = \frac{c^2}{v} \qquad (8)$$

和(8)式不同,(1)和(6)不仅限于自由粒子,而且对各种条件下的粒子都有效。让我们考虑一个处在势场 $U(q_1, q_2, q_3)$ 中运动的粒子,这里 q_i 照旧是表示粒子的位置坐标。我们现在只用非相对论性的形式,这时粒子的能量动量之间所满足的关系是:

$$H = \frac{1}{2m}(p_1{}^2 + p_2{}^2 + p_3{}^2) + U(q_1, q_2, q_3) \qquad (9)$$

左端第一项表示质量为 m 的粒子的动能,第二项表示它在力场 $U(q_1, q_2, q_3)$ 中的势能;H 是粒子的总能量。

让我们先考虑一种简单情形,即势能 U 等于常数,而与 q_i 无关的情形。特别地,当 $U = 0$ 时,这就是自由粒子情形;但 $U =$ 常数和 $U = 0$ 的情形本质上并无不同。因为作用在粒子上的力取决

于 U 的导数,所以 U＝常数的情形表示无力场存在。让我们用省略宗量 q_i 不写的办法来表示 U 的常数性。

现在我们把(1)和(5)代入(9)。这就得到下列关系:

$$h \cdot \nu = \frac{h^2}{2m}(b_1{}^2 + b_2{}^2 + b_3{}^2) + U \qquad (10)$$

我们看到,普朗克－德布洛意关系使我们能把能量动量所满足的方程改造成频率波数所满足的方程。换言之,普朗克－德布洛意关系能用来把粒子的方程改造成波的方程。后者可以称为**频率波长方程**,因为它把频率和波长两个实体联系了起来。它又可以称为**色散定律**,因为利用关系式 $\nu = b_i \omega_i$ 便能把它改写成联系频率和波速的定律。

现在让我们假定波由下一复函数确定:

$$\psi = \psi_0\, e^{2\pi i(b_1 q_1 + b_2 q_2 + b_3 q_3 - \nu t)} \qquad (11)$$

式中 ν 和 b_i 都是常数,其数值假定满足关系式(10)。于是表式(11)所表示的是一系列**单色平面波**,它们沿着波数矢量(其分量为 b_i)的方向传播,速度为 $w = \dfrac{\nu}{b}$,并且满足频率波长条件(10)。在斜交于两个平行波平面的单位长度直线上,波的周期数由该方向上所取的分量 b_i 确定。波通常是用一个虚指数表式来表示。这种数学方法也适用于其他各种波,例如声波:这是含有三角函数表式的一种简写方法。通常,把具有一定对称性质的形如(11)的几组波叠加起来,就可以消去波表式中的虚数部分。我们这里所要考虑的波和其他波的区别在于这样一个事实:即便把形如(11)的几组波叠加起来,振幅 ψ 也仍然是复数;因此,在最后的波表式中虚数部分不能消去。这个特点在波动力学中起着重要作用,其意

义将在 §20 说明。

根据假定(11),我们可以把 ψ 的导数表示如下:

$$\frac{1}{2\pi i}\frac{\partial\psi}{\partial q_k}=b_k\psi \qquad \frac{1}{(2\pi i)^2}\frac{\partial^2\psi}{\partial q_k{}^2}=b_k{}^2\psi \qquad -\frac{1}{2\pi i}\frac{\partial\psi}{\partial t}=\nu\psi \quad (12)$$

利用这些简单关系便能把频率波长方程(10)改造成**波的微分方程**。为此我们要把(10)式中的每一项乘以 ψ,然后将(12)的值代入。这样就可得到关系式

$$-\frac{1}{2\pi i}\frac{\partial\psi}{\partial t}=\frac{h^2}{2m(2\pi i)^2}\left(\frac{\partial^2\psi}{\partial q_1{}^2}+\frac{\partial^2\psi}{\partial q_2{}^2}+\frac{\partial^2\psi}{\partial q_3{}^2}\right)+U\cdot\psi \quad (13)$$

特别地,当 $U=0$ 时,我们得到方程

$$-\frac{1}{2\pi i}\frac{\partial\psi}{\partial t}=\frac{h^2}{2m(2\pi i)^2}\left(\frac{\partial^2\psi}{\partial q_1{}^2}+\frac{\partial^2\psi}{\partial q_2{}^2}+\frac{\partial^2\psi}{\partial q_3{}^2}\right) \quad (14)$$

这就是**自由粒子所满足的与时间有关的薛定谔波动方程**。

(13)式与(14)式并无本质的不同,因为我们假定了 U 是常数。差别仅仅表现在常数 ν 和 b_i 所满足的色散定律(10)上;当势场 U 不等于零时,波的波度 w 不等于它在 $U=0$ 情况下的速度。

现在让我们转到比较一般的情形:势能不是常数,而是一个仅与空间坐标有关的函数 $U(q_1,q_2,q_3)$。以上的推导不包括这种情形,理由如下。如果把(10)式中的 U 看成 q_i 的函数,则 b_i 不能是常数;于是(12)式便不能成立。因此,以上所用的推导方法不能告诉我们在势能 U 变化的情况下应当采用那种微分方程。正是在这里,推导方法要用"本能猜测的黑幕"来代替。薛定谔曾看出(13)式可以形式不变地推广到势能变化的情形,因此一般情形的波遵从如下的方程:

$$-\frac{1}{2\pi i}\frac{\partial\psi}{\partial t}=\frac{h^2}{2m(2\pi i)^2}\left(\frac{\partial^2\psi}{\partial q_1{}^2}+\frac{\partial^2\psi}{\partial q_2{}^2}+\frac{\partial^2\psi}{\partial q_3{}^2}\right)+U(q_1,q_2,q_3)\cdot\psi$$

$$(15)$$

这方程称为**力场中的粒子所满足的与时间有关的薛定谔波动方程**,它的解不是简单的形式(11);这点可从刚才所说的理由推知。薛定谔曾看出,这方程存在着一些性质比较复杂的解,而且这些解具有玻尔的原子论中所要求的那些数学性质。

为了证明这点,薛定谔考虑了如下形式的解:

$$\psi=\varphi(q_1,q_2,q_3)e^{-\frac{2\pi i}{h}Ht}\qquad(16)$$

如果令

$$\varphi(q_1,q_2,q_3)=\psi_0 e^{2\pi i(b_1 q_1+b_2 q_2+b_3 q_3)}\qquad(17)$$

解(11)便具有(16)的形式,因为 $\nu=\dfrac{H}{h}$。但是,(16)是更普遍的

71 解,因为 φ 不一定非取特殊形式(17)不可。方程(15)的一般形式的解(16)是存在的,虽然如上所述,满足(17)的解不一定存在[①]。让我们假定给出了这样一个一般形式的解(16)。完成(15)式左端的微分,并在各项中消去与 q 无关的指数因子 $e^{-\frac{2\pi i}{h}Ht}$,便可得到方程

$$H\cdot\varphi=\frac{h^2}{2m(2\pi i)^2}\left(\frac{\partial^2\varphi}{\partial q_1{}^2}+\frac{\partial^2\varphi}{\partial q_2{}^2}+\frac{\partial^2\varphi}{\partial q_3{}^2}\right)+U(q_1,q_2,q_3)\cdot\varphi$$

$$(18)$$

这就是**力场中的粒子所满足的与时间无关的薛定谔波动方程**。它是专门用来确定 ψ 函数的空间部分 φ 的方程。薛定谔看出了,在

---

① 当方程(15)中势能 $U(q_1,q_2,q_3)$ 等于常数时,便有满足(17)的解。——译注

某些规则性要求之下,这方程一般仅当常数 H 取分立数值时方才有解,从而可以定出一组分立的能值,与玻尔的原子能级相符。

我们不把上述推导或薛定谔原来提出的比较复杂的推导看作这些波动方程有效性的证明,这肯定不是轻视薛定谔的工作。这种推导——薛定谔从来没有把它说成是别的什么意思——只能使波动方程成为**似真的**,因此是发现角度上的一种天才猜测。按照我们的解释,(13)式推广到可变势能 $U(q_1, q_2, q_3)$ 的情形(15)不能用演绎推理的方法证明为正确。但是,即便对于处在不变势场中的粒子,在推导波动方程(13)的过程中也包含一些绝不能视为理所当然的假定。例如,我们并**无先验的**证据假定(9)式在引入普朗克-德布洛意关系之后仍然严格成立。在没有其他量子力学知识来判断的情况下,我们满可以假定波的频率和波长满足一个比(10)式更为复杂的关系,并且认为位置和动量这类粒子概念的引入都是简单化的做法,以致(9)式只具有近似的特征。只有证明(9)式的结论可以得到观测的证实,才算证明了事情不是如此的。

仅仅在给出这个证明之后,我们才能认为方程推导中用到的各个原理是有效的,从而反过来估计推导的价值。但是,这个估价必须限于自由粒子的波动方程,因为只有在这方程的推导中所用的推理能够反转来进行。因此我们可以说上述推导的真义在于:利用满足薛定谔方程的波,我们总能通过普朗克-德布洛意原理把自由粒子的波动解释翻译成满足能量-动量关系的微粒解释。换言之,**薛定谔波动方程保证着自由粒子波动解释和微粒解释的严格二象性**。

尽管二象性原理已被证明是建立波动方程的一个良好向导,[77]

但是,这个原理似乎不适合用来解释现今普遍用以解决量子力学问题的一套规则。首先,从上述推导可以看出二象性被限于自由粒子,即总能量等于动能与大小不变的势能之和的粒子。如我们将在§33中讨论到的,力场中的粒子并不满足能量－动量关系(9)。其次,事情表明这个原理无助于阐明函数 ψ 的意义;把 ψ 函数翻译成几率的规则不能从二象性原理导出。第三,看来合适的解释方法不是从一般的方程(15)出发,而是从专用的方程(18)出发,并且不是仅限丁能量 H 提出这种形式的方程,而是对一切种类的物理实体都提出它。同样,后一推广的正确性只能靠它的成功得到证明。

因此,我们现在要转过来介绍量子力学的一套规则,这不是迫于一种想给这些规则找到似乎合理的根据的愿望,也不是迫于想阐明这些规则的根源在于旧量子论中所发展起来的那些物理概念。这个介绍和本节提出的波动方程的推导无关。我们让读者从我们所要提出的规则中去认清本节推导的途径。

§14. 物理实体的算符、本征函数和本征值

使量子力学定律对等于经典定律的改造规则,是通过**算符**表示出来的。这里所用"算符"一词的意义与我们在解释变换时(§10,§12)用过的相同,这就是说,它表示给定一个函数 $\psi(q)$ 对等于另一函数 $\chi(q)$ 的规则。量子力学中用到的算符一般由两个基本算符构成,即微商 $\dfrac{\partial}{\partial q}$ 和乘子 q。它们都是算符,因为它们分别

使给定一个函数 $\psi(q)$ 对等于函数 $\dfrac{\partial\psi}{\partial q}$ 和 $q\cdot\psi(q)$。比较复杂的算符可用如下方法来构成。

假定用正则参量 $q_1\cdots q_n,p_1\cdots p_n$ 给定了一个经典形式的力学问题。按照经典理论，如果给定一个物理实体 u 是这些参量的函数：

$$u=u(q_1\cdots q_n,p_1\cdots p_n)\tag{1}$$

这个物理实体就被确定了。我们可以假定 u 是 p_i 的多项式。现在我们引入如下的对等关系：

q_i 对等于乘子算符 q_i

$f(q_i)$ 对等于乘子算符 $f(q_i)$

p_i 对等于算符 $\dfrac{h}{2\pi i}\dfrac{\partial}{\partial q_i}$ $\qquad(2)$

p_i^2 对等于算符 $\dfrac{h^2}{(2\pi i)^2}\dfrac{\partial^2}{\partial q_i^2}$

其中 $f(q_i)$ 是指 q_i 的任一函数，高幂次 p_i 的算符可仿照 p_i^2 的算符定义方法来定义。在函数 $u(q_1\cdots q_n,p_1\cdots p_n)$ 中用这些算符代替坐标 q_i 和 p_i 的地位，我们就可得到更复杂的算符 u_{op}。这样，实体 u 所对等的便不是(1)式中的函数 $u(q_1\cdots q_n,p_1\cdots p_n)$，而是算符 u_{op}。

例如，令 u 是能量 H，并假定函数 $H(q_1\cdots q_n,p_1\cdots p_n)$ 具有 §13 中(9)的形式。于是按照规则(2)，§13 中的(9)式与下列算符对等：

$$H_{op}=\frac{1}{2m}\left(\frac{h}{2\pi i}\right)^2\left(\frac{\partial^2}{\partial q_1^2}+\frac{\partial^2}{\partial q_2^2}+\frac{\partial^2}{\partial q_3^2}\right)+U(q_1,q_2,q_3)\tag{3}$$

式中 $U(q_1,q_2,q_3)$ 现在是算符。意思是用这个函数去乘。

我们说,实体 u 在(1)式所陈述的物理关系内用算符 u_{op} 来代表。重要的是要认识到,我们不能毫无其他限制地说到一个实体与一个算符对等;仅当实体出现在给定的关系内,即仅当实体被定义为 p_i 和 q_i 的函数时,算符才有确定的意义。当我们用日常语言来表述这个关系时,它的陈述方式就只能是经典方式。如果要避免引用经典力学,那就必须把算符看成物理关系的定义。

算符也是一种数学工具,我们用它来和实体的**本征函数**和**本征值**对等。达到这个目的的方法是用算符构成一个微分方程,称为**第一薛定谔方程**。它对一切物理实体都有相同的形式;不同实体之间的差别仅仅表现在算符的性质中。所以我们也说算符的本征函数和本征值。

第一薛定谔方程又称**与时间无关的**薛定谔方程,它总是具有如下的形式:

$$u_{op}\varphi(q) = u \cdot \varphi(q) \qquad (4)$$

因为这方程要和某些规则性要求(例如要求函数 φ 对其宗量的全体数值必须为有限)结合起来使用,所以它一般仅当常数 u 取某些分立数值时方才有解;这些数值 u_i 便构成实体 u 的本征值。在这情况下我们就说**本征值组成分立谱**。每个本征值 u_i 都对应有一个函数 $\varphi_i(q)$,它是方程(4)之解;这些函数 $\varphi_i(q)$ 便构成**本征函数**。在分立情况下(4)式能写成下列形式:

$$u_{op}\varphi_i(q) = u_i \cdot \varphi_i(q) \qquad (5)$$

在其他情形,当 u 的数值连续分布时方程有解,这时我们说本征值组成**连续谱**。这刚解 $\varphi(q)$ 中当然包含常数 u;所以它们具有

$\varphi(u,q)$ 的形式,并且组成连续的正交函数集。因此薛定谔方程
(4)化为

$$u_{op}\varphi(u,q)=u\cdot\varphi(u,q) \qquad\qquad (6)$$

我们必须了解,式中实体 u 对算符 u_{op} 而言具有常数的特征,因为
按照(2), u_{op} 中仅包含对变量 q 的运算。这常数 u 起着(5)式中足
标 i 的作用,用来计数(4)式之解 φ。

有时,对于一个本征值 u_i,(5)式不只有一个解,而是有 n 个解
$\varphi_i(q)$。这种情况称为 n **度简并**。

我们还是用上面的例子来说明现在的方法。如果我们把算符
(3)代入一般的方程(4),就可得到§13 中的微分方程(18)。在某
些规则性要求之下,这方程仅当能量的本征值取一组分立数值 H_i
时方才有解;相应的解 $\varphi(q_1,q_2,q_3)$ 构成能量的本征函数。量子
力学教本中都举有一些能量本征函数的例子,它们是用特殊形式
的势能 $U(q_1,q_2,q_3)$ 解得的。

借助于迄今所发展起来的数学技巧,我们能在给定的物理关
系内求出相应于每个物理实体的本征值谱和本征函数集。从数学
上说,这些概念的重要性在于如下一个事实:**第一薛定谔方程所确
定的本征函数构成正交函数集**,并且**本征值是实数**。

为了证明这个定理,需要对算符作进一步的论述。利用§9
中所提出的几何解释,在算符这个术语的主动解释中,我们可以把
算符看作一种变换;因此可以说, $u_{op}\varphi$ 表示一个矢量,它通过空间
的形变对等于矢量 φ。在这种几何解释中,薛定谔方程(4)表示这
样的情况:算符 u_{op} 所代表的一系列空间形变是一种使得矢量 φ 最
后变成本身的简单倍数 $u\cdot\varphi$ 的形变。

　　量子力学算符都是一种特殊类型的算符：它们都是**线性厄米**算符。算符 u_{op} 称为线性的. 如果它对任意矢量 φ 和 χ 满足下列关系：

$$\left.\begin{array}{l} u_{op}(\varphi + \chi) = u_{op}\varphi + u_{op}\chi \\ u_{op}(\kappa \cdot \varphi) = \kappa \cdot u_{op}\varphi \end{array}\right\} \qquad (7)$$

式中 κ 是任一复数（不是矢量）。算符称为**厄米的**，如果它对任意两个矢量 φ 和 χ 满足下列关系：[①]

$$(u_{op}\varphi, \chi) = (\varphi, u_{op}\chi) \qquad (8)$$

75　式中括弧与前面一样是表示内积。能够证明，（2）中所定义的算符是线性厄米算符。如果用规则（2）构成的其他算符不能自动满足厄米条件，那就必须把函数（1）改成使其算符成为厄米算符的形式。对构成算符的规则也要加以相应的限制。此外我们可以证明，能量算符（3）是厄米算符。

　　现在我们就能证明（4）的解构成正交函数集，并且本征值是实数。为了证明后一点，让我们从下一关系出发：

$$(u_{op}\varphi, \varphi) - (\varphi, u_{op}\varphi) = 0 \qquad (9)$$

它可以从（8）式推得，只要在（8）中取 $\chi = \varphi$ 的特殊情形。利用（4）式，上式可变为：

$$(u\varphi, \varphi) - (\varphi, u\varphi) = 0 \qquad (10)$$

因为 u 是一个数（不是矢量），所以我们可应用 §10 中的（21）式导得：

---

　　① "厄米"这个名称源出于法国数学家厄米的名字。可以证明，厄米算符一定是线性算符；另一方面，线性算符当然不一定是厄米算符。

$$u \cdot (\varphi,\varphi) - u^* \cdot (\varphi,\varphi) = 0$$

$$u - u^* = 0 \tag{11}$$

用(φ,φ)去除是允许的,因为仅当函数φ为零时方有$(\varphi,\varphi)=0$,而这是不必考虑的情况。上一结果意味着u是实数。为了证明本征函数集的正交性,让我们假定φ_1和φ_2两个函数是方程(4)之解,于是利用(8)和(4),我们有

$$O = (u_{op}\varphi_1, \varphi_2) - (\varphi_1, u_{op}\varphi_2) = (u_1\varphi_1, \varphi_2) - (\varphi_1, u_2\varphi_2)$$

$$= u_1(\varphi_1, \varphi_2) - u_2^*(\varphi_1, \varphi_2) = (u_1 - u_2) \cdot (\varphi_1, \varphi_2) \tag{12}$$

因为u_1和u_2被假定彼此不同,故内积(φ_1,φ_2)必须等于零。这表示函数φ_1和φ_2是正交约。$(\varphi,\varphi)=1$的条件也不难满足,这只要用一适当的规一化常数与函数φ相乘,因为矢量的定义要求(φ,φ)必须有限。

以上的证明不适用于连续本征值u的情形,理由如下。本征函数$\varphi(u,q)$不能使$\int |\varphi(u,q)|^2 dq$保持有限,这也可从§9的(16)和(17)看出,$\delta(x,z)$符号当$x=z$时是无限大。因此这类函数不是希尔伯空间中的矢量,即不能当作(8)式中的φ和χ。因此用它们不能导出$(\varphi_1,\varphi_2)=0$的结果,这符合下一事实:这些函数不是可以反身的(参看§9)。傅里叶函数$const \cdot e^{\frac{2\pi i}{h}pq}$就是这种函数,它们乃是动量$p$的本征函数。这类函数的本征值问题曾由冯诺意曼讨论过;[①]能够证明,薛定谔方程的连续本征函数也构成正交函数集。

---

① *Mathematische Grundlagen der Quantenmeohanik*(Berlin,1932),II:6—9.

§15. 对易规则

现在我们要来考虑算符的另一性质。当我们把算符 u_{op} 应用于函数 φ 时，便产生一个新的函数；对此函数可以再应用另一算符 v_{op}，这就产生第三个函数。算符的这种反复应用可表示如下：

$$v_{op} u_{op} \varphi \tag{1}$$

组合 $v_{op} u_{op}$ 可以看成一个新算符，称为两算符之乘积。这里"乘积"一词当然是在广义上来用的，类似于数理逻辑中"关系乘积"术语的用法。很明显，两个算符的次序倒过来一般不导致同一个函数，即一般地说，表式

$$v_{op} u_{op} \varphi - u_{op} v_{op} \varphi = [v_{op} u_{op} - u_{op} v_{op}]\varphi \tag{2}$$

不等于零。因此算符的乘法一般是不可对易的。这样说当然没有什么矛盾，只要我们了解这里所用的"乘积"或"乘法"一词的意义。

通常，上一表式对大多数函数 φ 都不等于零，仅对某些特殊的函数 φ 等于零。当两个特定的算符使表式(2)对**一切**的函数 φ 都等于零时，就表示这些算符有一个特殊的性质。这时它们称为**可对易的算符**。同样，这些算符所对应的实体称为**可对易的实体**。我们把(2)式中方括号内的表式看成一个算符，并称它为对易括号，于是上述性质可用符号表示如下：两个可对易的算符的对易括号等于零或满足等式

$$v_{op} u_{op} - u_{op} v_{op} = 0 \tag{3}$$

另一方面，凡是使表式(2)对一切的 φ 不恒等于零的算符，或者换句话说，凡是能找到一些函数 φ 使(2)式不等于零的算符，都

称为**不可对易的算符**。这些算符的特征可以表示如下：它们的对易括号不等于零,或满足不等式

$$v_{op}u_{op} - u_{op}v_{op} \neq 0 \tag{4}$$

相应的实体称为**不可对易的实体**。

　　能够证明,可对易的算符或实体具有共同的本征函数系,当然,它们的本征值并不相同。彼此互为函数的实体就属于这类实体。例如,实体 u 和 u^2 具有共同的本征函数,但有不同的本征值。反之,不可对易的算符或实体具有不同的本征函数系。

　　以上所述可证明如下。我们把算符 v_{op} 应用到 §14 中(4)式的两端：

$$v_{op}u_{op}\varphi = v_{op}u\varphi$$

当算符可以对易时,它们在左端的次序可以反过来；右端则可利用§14 的(7),把 u 提到算符之前。这就得到

$$u_{op}v_{op}\varphi = u \cdot v_{op}\varphi$$

现在我们把 $v_{op}\varphi$ 一项看成一个单元,于是上式表示函数 $v_{op}\varphi$ 满足§14 中的(4)。因此,如果不考虑简并情况,$v_{op}\varphi$ 就必须和 φ 相同,至多只能相差一个常数因子(因为用§14 中的(4)确定出的 φ 可以带有一个常数因子)。令此常数为 v,则有

$$v_{op}\varphi = v\varphi$$

但对算符 v_{op} 而言,上式具有§14 中(4)的形式,这表示 φ 也是 v_{op} 的本征函数。不难看出这个证明也可以反过来进行；这就是说,从本征函数相同的假定出发,我们能证明算符是可对易的。因此,不可对易的算符具有不同的本征函数。让我们附注一句,以上的证明也可以推广到简并情况。

这两种算符的区分对 §14 中(2)式所定义的两个基本算符 p_{op} 和 q_{op} 有一个重要应用。如果把这些基本算符(用同一个足标 i 构成的,即用对等的数值 p_i 和 q_i 构成的)应用到函数 φ 上,则有

$$p_{op}q_{op}\varphi - q_{op}p_{op}\varphi = \frac{h}{2\pi i}\left\{\frac{\partial}{\partial q}(q \cdot \varphi) - q \cdot \frac{\partial \varphi}{\partial q}\right\} = \frac{h}{2\pi i}\varphi \qquad (5)$$

它可以写成如下形式:

$$p_{op}q_{op} - q_{op}p_{op} = \frac{h}{2\pi i} \qquad (6)$$

这个式子称为**对易规则**。它表示动量算符和位置算符的不可对易性。和这种情况不同,不难证明两个同类的算符(例如算符 q_1 和 q_2,或算符 p_1 和 p_2)是可对易的。两个不可对易的参量 p_i 和 q_i 又称为**正则共轭参量**,或**并协参量**。非正则共轭(即有不同足标)的两个参量 p_i 和 q_k 是可对易的。

78 p 和 q 是基本的不可对易算符。此外还有其他彼此不可对易的算符。一个实体如果是仅含 p 的函数,它就可以与 p 对易,但与 q 不可对易;反之,一个实体如果是仅含 q 的函数,它就可以与 q 对易,但与 p 不可对易。然而同时含自 q 和 p 的函数可能与 q 和 p 都不可对易;角动量就是这种情况的例子。[1]

§16. 算符矩阵

在我们开始应用迄今所得到的结果之前,首先要来说明一下求本征值和本征函数的第二种方法。

---

[1] 参看 H. A. Kramers, *Grundlagen der Quantentheorie*(Leipzig,1938),166 页。

算符的几何解释使人想到线性算符可以用§9中所阐明的那类矩阵变换来代替。可以证明,这个想法在分立情况下是正确的。这时 $u_{op}\varphi$ 之类的表式变为矩阵形式的求和或积分。

为此目的,我们使算符 u_{op} 与一算符矩阵对等。我们将此矩阵记为 τ_{ik}。τ_{ik} 的分量由 u_{op} 应用到单位矢量 $\varepsilon_{(i)}$ 上的结果确定(参看§10)。我们定义

$$\tau_{ki} = \left[u_{op\,\varepsilon_{(i)}}\right]_k \tag{1}$$

由此便能证明算符 u_{op} 对分支函数 χ_i 的应用相当于如下意义的求和:

$$\left[u_{op}\chi\right]_k = \sum_i \chi_i \tau_{ki} \tag{2}$$

左端表示 u_{op} 应用到 χ 上所得函数的第 κ 个分量。

我们能证明,§14中算符的厄米性条件(8)相当于算符矩阵 τ_{ik} 要满足下列条件:

$$\tau_{ki} = \tau_{ik}^{\ *} \tag{3}$$

根据§10中(18)式,把§14中的(8)式写成和式,并利用(2)式,我们有

$$O = (u_{op}\varphi,\chi) - (\varphi,u_{op}\chi) = \sum_k \left[u_{op}\varphi\right]_k \cdot \chi_k^{\ *} - \sum_i \varphi_i \left[u_{op}\chi\right]_i^{\ *}$$

$$= \sum_k \sum_i \tau_{ki}\varphi_i\chi_k^{\ *} - \tau_{ik}^{\ *}\varphi_i\chi_k^{\ *} = \sum_k \sum_i (\tau_{ki} - \tau_{ik}^{\ *})\varphi_i\chi_k^{\ *} \tag{4}$$

如果此式对任意两个 φ 和 χ 都成立,则末项括号中的表式必须等于零。因此我们有 $\tau_{ki} = \tau_{ik}^{\ *}$。

虽然在分立情况下我们总能使线性算符与一矩阵对等,但在连续情况下这并不总是可能的。如果存在这种矩障 $\tau(q',q)$,算符的应用便相当于如下意义的积分:

$$[u_{op}\chi]q' = \int \chi(q)\tau(q',q)dq \qquad (5)$$

左端表示函数在 q' 处所取的值。和前面一样,我们能证明,§13
中(10)式所定义的算符厄米性相当于下列条件:

$$\tau(q',q) = \tau^*(q,q') \qquad (6)$$

§14 中的条件(8)比(3)和(6)更好,这是由于下一事实:即便不存
在算符矩阵,§14 的条件(8)也总能应用。[①] 对于非均匀类型的算
符,即当算符使分立函数变为连续函数或相反的情况时,厄米性无
法定义。

在不存在连续算符矩阵的情况下,我们至少可以引入近似地
具有所要求性质的矩阵。这个近似是借助**狄拉克函数**获得的(参
看§9)。可以证明,基本算符 q 和 $\frac{\partial}{\partial q}$ 都要求用这种方法来处理,它们
的矩阵表示都是狄拉克函数。算符 q 的矩阵表示是 $q \cdot \delta(q',q)$;
算符 $\frac{\partial}{\partial q}$ 的矩阵表示是一阶导数 $\delta'(q',q)$。

为了构成物理实体的矩阵算符,并不必要先借助§14 中的规
则(2)构成薛定谔算符,然后再利用(1)。我们从§14 中的经典函
数(1)出发就能直接构成实体 u 的矩阵 τ_{ik},只要已知实体 p 和 q
所对应的矩阵,因为矩阵 τ_{ik} 的元素可写成 p 和 q 的矩阵元的函
数。我们这里不打算介绍这种构成算符矩阵的方法及其必要规

---

① 　我们能够构成一些矩阵,它们是厄米的,同时又是幺正的。对于这样的矩阵说
来,利用§11 的(2)和(15)以及本节的(13)和(6),我们有:

$$\varphi_{ik} = \varphi_{ik}^{-1} \qquad \varphi(q',q) = \varphi^{-1}(q',q)$$

但是量子力学中的矩阵通常只满足厄米性和幺正性两个条件中的一个。与物理实体
对等的矩阵或算符是厄米的;用作本征函数的矩阵或变换则是幺正的。

则,读者可参阅量子力学教本。在这种**矩阵力学**中,还有一个规则就是§15的对易规则(6);因为所有其他的算符矩阵都是矩阵 p 和 q 的函数,所以算符 p 和 q 的这个基本性质也表现在所有其他矩阵的结构中。

当物理实体的算符矩阵一经构成以后,我们就能用它们来确定这些实体的本征值和本征函数。为此目的所用的方法也是与薛定谔方法不相干的,因此不需用到薛定谔方程,而是根据如下一个公设。

矩阵公设:如能构成一幺正矩阵 φ_{ik},把 τ_{ik} 变为对角矩阵 $u_i\delta_{ik}$,即在此矩阵中,唯有 $i=k$ 的对角线上的矩阵元数值异于零;那么,这些对角矩阵元的数值 u_i 就是 u 的本征值,矩阵 φ_{ik} 就是 u 的本征函数。

这样确定出来的本征值都是实数,这是由于 τ_{ik} 的厄米性和 φ_{ik} 的幺正性;后一性质同时可以保证 φ_{ik} 组成一正交完全集。对易规则在此方法中所起的基本作用可从下一结果看出:矩阵元 τ_{ik} 虽然与 p 和 q 的矩阵元有关,但 τ_{ik} 的本征值(即 τ_{ik} 所变成的对角矩阵)与 p 和 q 的矩阵元无关,只要后两个矩阵满足对易规则。换言之,对易规则在 p 和 q 的矩阵元之间引入了足够多的关系,使我们能把这些矩阵无从 τ_{ik} 的本征值中消去。因此,正是由于对易规则,使得物理实体的本征值成为确定的。

对于连续算符矩阵 $\tau(u,q)$ 也可提出类似的规律表述。

这种矩阵力学是独立于德布洛意和薛定谔的波动力学之外由海森堡、玻恩和约当提出的[1],狄拉克也独自提出了它。[2] 薛定谔

①　*Zeitschr. f. Phys.*, **35**(Berlin,1926),557 页。
②　*Proc. Roy. Soc. London*,(A) 109 卷(1925),642 页。

为波动概念建立了§14中的微分方程(4)之后,在接着的一篇论文中证明了[1],这个微分方程在数学上同矩阵力学的公设等价,因为用§14的方程(4)所确定的算符本征值和本征函数与用矩阵公设确定的相同。从数学上说,薛定谔的方法更方便些,因为解§14中的微分方程(4)要比找到一个具有所需性质的幺正矩阵 φ_{ik} 更容易;实际上,这些幺正矩阵的构成通常要利用薛定谔方程。这就是现今常用算符形式来代替量子力学矩阵形式的原因,在算符形式中,没有用到算符和矩阵求和之间的等价关系(2)或(5)。这时算符的本征值和本征函数可用§14中的薛定谔方程(4)来确定,而不必利用矩阵公设。

§17. 几率分布的确定

在给定的物理关系内,本征值和本征函数描写着物理实体的特征。但我们要把作为结构关系之全体的**物理关系**同**物理情态**区别开来,后者除了结构关系之外,还涉及确定该物理实体几率分布的问题。

从经典理论来说,这个区分一方面涉及物理问题的函数关系,另一方面牵涉到实体的**数值**关系。函数关系的全体确定着物理关系;但仅当我们此外再给定实体的数值时,才能知道情态。在量子力学中,函数关系被代之以**算符的结构**,它和第一薛定谔方程结合起来确定着本征值和本征函数。另一方面,数值的指出被代之以

---

① *Ann. d. Phys.*(**4**),79 卷(Leipzig,1926),734 页。

实体**几率分布**的指出。这相当于从因果律过渡到几率律,后者表示量子力学的一个显著特征。

因此,为了表征物理情态,需要有一种数学工具,它除了能指示出通过本征值和本征函数表现出来的结构之外,还要能指示出几率分布。这个数学工具就是态函数 ψ。我们现在暂且不谈怎样确定这个函数的问题,只说明用它如何来确定几率分布。

态函数 ψ 是坐标 q 的函数;此外,它一般还与时间 t 有关。因此它具有 $\psi(q_1\cdots q_n,t)$ 或 $\psi(q,t)$ 的形式。后一写法可以看成简写方法,在此写法中 q 照例是表示 $q_1\cdots q_n$。我们以后再转过来分析 ψ 如何依赖于时间(§18);因此目前我们把宗量 t 省去不写,只写作 $\psi(q)$。这个写法的意思可以这样来理解:我们选择了一个特定的 t 值,并考虑这个特定的函数 ψ 与几率分布之间在该时刻发生的关系,这些关系对任何的 t 值都同样有效。

我们对函数 ψ 的一般要求是,它必须是**平方可积的**和**规一化的**,即须满足下列关系:

$$\int |\psi(q)|^2 dq = 1 \tag{1}$$

按照以上关于与时间有关问题的说法,这个条件被假定对任何的 t 值都成立。我们马上就来说明这个条件的意义:它同几率解释有着密切的关系。

在确定观测数值的几率分布之前,我们首先必须指出哪些数值是**可能的**。这样做的必要性是由于,量子力学与经典理论不同,一般并非所有的数值都是物理上可能的数值。下面的规则给出了我们所要求的陈述:

Ⅰ**．本征值规则。本征值是实体在给定物理关系内的可能数值。**

原子能级是本征值组成分立谱的例子，它们取决于用算符 H_{op} 写成的§14 中的薛定谔方程（5）。薛定谔发现中的惊人结果就在于这样一个事实：用他的方程能证明，玻尔原子的分立定态可以解释成本征值问题。仅当本征值谱是连续并且无限的时候，可能的数值序列才相当于经典情况。自由粒子位置坐标的本征值谱就是属于这种类型的。在大多数场合，本征值谱是部分分立，部分连续的。例如在氢原子中，从一个轨道向另一轨道跃迁产生分立谱；连续谱相当于俘获自由电子的过程或相反的过程，即电离。

虽然本征值在观测中具有明显的意义，本征函数却没有；它们仅仅是推导几率分布的一个必要的数学工具。现在我们就转到这些分布上来。几率分布取决于玻恩提出的如下的规则，我们已在§2 中提到过它的一种特殊形式：

Ⅱ**．谱分解规则。函数 $\psi(q)$ 可用所考虑实体的本征函数展开；而展开系数 σ_i 或 $\sigma(u)$ 的平方确定着测得本征值 u_i 或 u 的几率。**

这个规则可表为如下的公式：

分立情形：

$$\psi(q) = \sum_i \sigma_i \varphi_i(q) \tag{2}$$

$$P(s, u_i) = |\sigma_i|^2 \tag{3}$$

连续情形：

$$\psi(q) = \int \sigma(u)\varphi(u,q)\,du \tag{4}$$

$$P(s,u) = \mid \sigma(u) \mid^2 \tag{5}$$

符号 P 代表"几率"。因为这些几率是相对于函数 ψ 所表征的物理情态 s 来说的,所以我们把符号"s"放到几率表式中第一项的位置上。我们也可以用数学符号"d"而不用逻辑符号 P 表示几率,d 所表示的是几率函数。这时(3)和(5)变为下列关系式: [83]

$$d(u_i) = \mid \sigma_i \mid^2 \tag{6}$$

$$d(u) = \mid \sigma(u) \mid^2 \tag{7}$$

函数 d 与情态 s 有关;必要时,这点可用一个足标表示出来,即写成 $d_s(u)$ 的形式。(3)和(6)都是几率;(5)和(7)则是几率密度,即将它们对 u 在任意两个界限 u_1 和 u_2 之间取积分后,便得到几率。

从 §9 中所阐述的展开理论可知,几率(3)和(5)不依赖于 q,因为 σ 不依赖于 q。根据 §9 中的(1)、(3)和(15),这些几率满足下列条件:

$$\sum_i \mid \sigma_i \mid^2 = 1 \tag{8}$$

$$\int \sigma(u) \mid du = 1 \tag{9}$$

这个条件是必然的,因为本征值之一一定实现。

存本征值简并的情形(参看 105 页),展式(2)所采取的形式比较复杂。令 $\varphi_{i_s}(q)$ 是本征值 u_i 所属的 n 个本征函数;于是展式(2)中 $\sigma_i\varphi_i(q)$ 一项变为

$$\sigma_i \sum_{s=1}^n \sigma_{i_s}\varphi_{i_s}(q) \tag{10}$$

σ_{i_s} 满足下列条件:

$$\sum_{s=1}^{n} \mid \sigma_{i_s} \mid^2 = 1 \tag{11}$$

表式 $\sum_{s=1}^{n}\sigma_{i_s}\varphi_{i_s}(q)$ 在形式上可以当作 $\varphi_i(q)$ 一项来看。因此我们在下面的公式中不特别指出简并的可能性。玻尔原子是简并情况的一个例子,其中,不同轨道上电子的各种安排方式可以有相同的总能量 H_i。每种这样的安排确定着一个物理状态,由本征函数 $\varphi_{i_s}(q)$ 之一表征。这时不同的状态 $\varphi_{i_s}(q)$ 对应于同一个本征值 H_i;这些状态的几率则等于 $|\sigma_i\sigma_{i_s}|^2$。

在(5)、(7)和(9)的连续情形,还要加上一个限制:如果 u 选择得不适当,就会出现 §9 中(22)式那样的密度函数 $r(u)$;这时我们有

$$P(s,u) = d(u) = \mid \sigma(u) \mid^2 r(u) \tag{12}$$

$$\int \mid \sigma(u) \mid^2 r(u) du = 1 \tag{13}$$

84 密度函数 $r(u)$ 总是可以消去的,只要引用一个 u 的适当函数 u' 代替 u。

现在我们要加上一个规则,来确定作为 ψ 函数之宗量的实体的几率分布。这个规则已在 §2 中提到:

Ⅲ.ψ 函数取平方的规则。作为 ψ 函数之宗量的 q 的数值(或一组 $q_1 \cdots q_n$ 的数值)的几率分布由下式确定:

$$P(s,q) = \mid \psi(q) \mid^2 \tag{14}$$

这个规则说明了规一化条件(1)的意义。$|\psi|^2$ 对 q 的全体数值取积分等于测得任意 q 值的几率,这个几率一定等于1[①]。

---

①   在某些物理问题中放弃了条件(1),而使用非平方可积的 ψ 函数。这意味着 $|\psi|^2$ 不能解释为几率,而要解释为一种确定几率之比的工具。

规则Ⅰ—Ⅲ对一切量子力学体系和任何时间点 t 都有效。这些规则把抽象的公式机构同观测实体联系了起来。它们的意义也正是从这一事实而来。因为几率总是从复函数的平方导得的,所以这些函数有时又称为**几率振幅**。

能够证明,规则Ⅲ在形式上可以包括到规则Ⅱ中。我们所考虑的实体 u 的本征函数 $\varphi(u,q)$ 是以实体 u 和坐标 q 作为宗量的;因此它们表示着 u 和 q 之间的关系。我们也能在形式上引入 q 的本征函数;这时,在这些函数的表示式中两个位置都被实体 q 占据着。这些函数可记为 $\varphi(q',q)$。我们甚至能利用§14 中的薛定谔方程(5),把其中的 u_{op} 换成 q_{op},以此来确定这些函数;这时方程所给出的 $\varphi(q',q)$ 的形式是狄拉克函数 $\delta(q',q)$。如将 $\psi(q)$ 用这些本征函数展开,我们便可得到平常的关系[参看§9,(14)式]:

$$\psi(q)=\int\psi(q')\delta(q',q)dq' \tag{15}$$

这就看出,规则Ⅱ应用到这个展式上立刻可给出(12),即给出规则Ⅲ。

把规则Ⅱ同 $\psi(q)$ 用 φ 所作的展开以及§14 中的薛定谔方程(5)结合起来,可以导出一个表示物理实体之平均值的简单公式,量子力学中经常用到它。按照几率运算的法则,如果实体 u 的几率分布是 $d(u)$,则其平均值由下式确定:

$$Av(u)=\int ud(u)du \tag{16}$$

利用(7)和(4)以及§9 中(11)式的复数共轭,并改变被积式的次序,我们就得到

$$Av(u) = \int u d(u) du = \int u \mid \sigma(u) \mid^2 du =$$

$$= \int \sigma(u) u \sigma^*(u) du \qquad (17)$$

$$= \iint \sigma(u) u \psi^*(q) \varphi(u,q) du dq \qquad (18)$$

再利用(4)式并根据 u_{op} 的线性,我们有[注意 $\sigma(u)$ 对 u_{op} 而言相当于常数]:

$$u_{op} \psi(q) = u_{op} \int \sigma(u) \varphi(u,q) du = \int u_{op} \sigma(u) \varphi(u,q) du$$

$$= \int \sigma(u) u_{op} \varphi(u,q) du = \int \sigma(u) u \varphi(u,q) du \qquad (19)$$

最后一步利用了 §14 中的薛定谔方程(6)。利用(19)可将(18)写成下列形式:

$$Av(u) = \int \psi^*(q) u_{op} \psi(q) dq \qquad (20)$$

实体的平均值有时又称为**期待值**,所以这个公式常称为**期待值公式**。比较(20)式与(17)式中最后一个表式可知,从形式上说,引用 $\psi(q)$ 代替 $\sigma(u)$ 就要同时用 u_{op} 代替 u。

§18. ψ 函数与时间的关系

现在我们转过来考虑物理情态在时间历程中的变化问题,也就是讨论 ψ 依赖于 t 的关系问题。正像经典物理中一个运动质点的位置或摆的角偏转这类变量的数值可以发生变化一样,在量子力学中,实体的几率分布也可能发生变化。

这里,我们要利用§13中(15)式引入的一般薛定谔方程,因为这方程确定着 ψ 与时间的关系。§13中的(15)式是就能量的特殊形式写出的,现在我们要提出这个方程的普通形式。和前面一样,让我们在此指出,这个普遍方程的正确性只能靠它的经验成就来证明。**第二薛定谔方程或与时间有关的薛定谔方程**具有如下形式:

$$H_{op}\psi(q,t) = \frac{ih}{2\pi}\frac{\partial}{\partial t}\psi(q,t) \tag{1}$$

H_{op} 是指能量算符。重要的是,虽然第一薛定谔方程同时适用于各种物理实体所对应的算符,但第二薛定谔方程却只是用能量算符构成的。[①]

§14中哈密顿算符 H_{op} 的特殊形式(3)可以用作(1)式的实例。这时(1)式化为§13中(15)的形式。

普通方程(1)的形式使得函数 ψ 在实际上总是与时间有关,这是必然的结果。如果 ψ 与时间无关,(1)式的右端便等于零。但在所有的实际场合,能量算符 H_{op} 的结构都使得(1)式的左端不等于零。[②] 因此 ψ 一定与时间有关。

(1)式的重要意义在于这样一件事实:只要给定 ψ 在时刻 t_0 的形式,即给定函数 $\psi(q,t_0)$,它就能决定出一切时刻 t 的 $\psi(q,t)$ 的形式。这个性质的产生是由于(1)式乃是一个含有一阶时间导

---

① 薛定谔原先也只是用能量算符来构成他的第一方程的。后来才提出把它推广到其他算符上。

② 如果在§13的(9)式中势能 $U=0$,则(1)式左端当 ψ 是 q 的线性函数时也等于零。但是这种函数不能满足§17中的规一化条件(1)。因此在这情况下 ψ 也得与时间有关。

数的微分方程。因此,第二薛定谔方程所表述的是控制态函数 ψ 随时间变化的规律。

现在我们要来看看在§17 形如(2)或(4)的展式中,由于 ψ 与时间有关而产生的后果如何。如果 ψ 与 t 有关,我们就还要在展式的右端引入 t 作为宗量。引入的方法可以有两种:要么是把本征函数 φ 看作与 t 有关(情形 1),要么把系数 σ 看作与 t 有关(情形 2)。这两种情形在量子力学中都有。它们也可以结合起来,结果 φ 和 σ 都与 t 有关(情形 3)。

与时间有关的最简单的情况就是§13 中特殊形式的 ψ 函数 (16),这函数是

$$\psi_k(q,t) = \varphi_k(q) \cdot e^{-\frac{2\pi i}{h} H_k t} \qquad (2)$$

它被分解成一个仅含 q 的因子,以及一个含有 t 和能量的本征值 H_k 但不含 q 的指数因子。我们在§13 中对特殊形式的能量所作的推理,即从与时间有关的方程导出与时间无关的方程的那些推理,现在也可以对普遍的方程(1)重复进行。把解(2)代入(1)中,即得到

$$H_{op}\psi_k(q,t) = H_k\psi_k(q,t) \qquad (3)$$

这就是对算符 H_{op} 写成的§14 的第一薛定谔方程(4)。现在我们可以消去两端的指数因子;这样做在左端之所以可能,是因为指数因子不含 q,它对线性算符 H_{op} 而言相当于常数。因此我们得到

$$H_{op}\varphi_k(q) = H_k\varphi_k(q) \qquad (4)$$

87　这就看出,和前面一样,与时间无关的因子 $\varphi_k(q)$ 取决于第一薛定谔方程。如果选择满足这方程 $\varphi_k(q)$,即当 $\varphi_k(q)$ 是这方程的本征函数时,(2)中的函数 $\psi_k(q,t)$ 便是第二薛定谔方程(1)的解。

另一方面,(2)中的函数 $\psi_k(q,t)$ 同时也是第一薛定谔方程的解:这表示在(3)式中。我们看到,第一薛定谔方程的解中留有一个未定的因子,它与 q 无关,但可以与 t 有关。因此函数 $\psi(q,t)$ 也能看成能量的本征函数。

因此我们可以把(2)式看成一个按能量本征函数展开的特例,其中系数 σ_m 除去 σ_k 以外都等于零,而 $\sigma_k=1$。在这个解释中,(2)式所表示的是情形 1。另一方面,我们也可以继续认为一切 $m\neq k$ 的 σ_m 都等于零,而把 $\varphi_k(q)$ 看成能量的本征函数,这时就把(2)中的指数因子解释为系数 σ_k 的表示。在这个解释中,(2)式所表示的是情形 2。这两种情形可以合并为如下的说法:(2)式表示一个**经由**能量本征函数**给定**的 ψ 函数。

(2)中的 ψ_k 虽然与 t 有关,但其平方 $|\psi_k|^2$ 与 t 无关,因为指数因子的绝对值等于 1 在 ψ_k 乘以 $\psi_k{}^*$ 时即被消去。此外,在两种解释中 $|\sigma_k|^2$ 都等于 1。因此几率分布 $d(q)$ 和 $d(H)$ 与时间无关。这是**稳定情形**;ψ 波表示稳定的振荡,它们使观测实体保持不变。这种情形相当于玻尔原子中的定态情形,在定态情况下,每个电子在自己的轨道中运动,总能量 H 具有明确的数值 H_k。

第二薛定谔方程的结构说明它符合叠加原理。这意味着它的解的一切线性组合也是解。这个性质可以用来构成比(2)式更普遍的函数形式 $\psi(q,t)$。为此只要写出展式

$$\psi(q,t) = \sum_k \sigma_k \psi_k(q,t) \tag{5}$$

其中系数 σ_k 与 t 无关,ψ_k 具有(2)的形式。(5)式所给出的是一个由不同频率的波组成的波包,它也是(1)式之解,因为每个 ψ_k 都是

(1)式之解。

形如(5)式的展开表示情形 1,因为这个展式是用与时间有关的本征函数构成的。利用简写符号

$$\sigma_k{}'(t) = \sigma_k(q) \cdot e^{-\frac{2\pi i}{h} H_k t} \tag{6}$$

(5)式可写成如下的形式:

$$\psi(q,t) = \sum_k \sigma_k{}'(t) \varphi_k(q) \tag{7}$$

88 这种形式的展开表示情形 2,因为展开系数与时间有关,而本征函数与时间无关。这两种解释都是可能的,因为时间只出现在指数因子中,它可以归入系数里,也可以归入本征函数里。因为指数因子的绝对大小等于 1,所以这样归并之后既不违反§17中的规一化条件(1)也不违反§9中的正交条件(2)。

系数 σ_k 和 $\sigma_k{}'(t)$ 的结构都说明它们的平方 $|\sigma_k|^2$ 和 $|\sigma_k(t)|^2$ 与时间 t 无关。因此能量的几率分布 $d(H)$ 不随时间变化。这是和函数 $|\psi(q,t)|^2$ 不同的。函数 $|\psi(q,t)|^2$ 与时间有关,因为当我们把(5)和(7)中的和式乘以它们的复数共轭式时,指数因子还给出交叉项 $e^{-\frac{2\pi i}{h}(H_k - H_m)t}$,它们不能消去。因此这时几率分布 $d(q)$ 是随时间变化的。这说明 ψ 函数(5)或(7)并不代表稳定情形,而是代表——用玻尔模型中的语言来说——定态之间发生跃迁的情形。上述指数项在其指数上表明这些跃迁与一些频率为 $\dfrac{H_k - H_m}{h}$ 的振荡相联系,这符合玻尔理论中辐射发射的规则。但是,这种不稳定的状态在(5)式中表现为**定态之叠加**,这个概念则是旧量子论中所不知道的。

现在回到前面所作的推理。我们能证明,当函数 $\psi(q,t)$ 用能

量的与时间无关的本征函数 $\varphi_k(q)$ 展开时,即当函数 $\psi(q,t)$ 具有 (7)的形式时,系数 $\sigma_k{}'(t)$ 一定具有(6)的形式,因此时间仅仅包含 在一个大小等于 1 的指数因子中。换言之,一般的情态总可以解 释为定态之叠加,至少当我们对此情态能够定义与时间无关的能 量本征函数时可以如此。证明如下。从(7)式可以推出两个关系:

$$\frac{ih}{2\pi}\frac{\partial \psi}{\partial t} = \sum_k \frac{ih}{2\pi}\frac{d\sigma_k{}'}{dt}\varphi_k \tag{8}$$

$$H_{op}\psi = \sum_k \sigma_k{}'H_{op}\varphi_k = \sum_k \sigma_k{}'H_k\varphi_k \tag{9}$$

最后一步在中间的式子中利用了第一薛定谔方程。根据(1)式,以 上两式右方的项是相等的。比较展式中的系数可知:

$$\frac{ih}{2\pi}\frac{d\sigma_k{}'}{dt} = \sigma_k{}'H_k \tag{10}$$

这个微分方程决定了 $\sigma_k{}'$ 是(6)的形式。

　　这一结果可以采取如下方式来陈述:不管函数 $\psi(q,t)$ 的形式 如何,能量的几率分布都与时间无关。[①] 我们可以把这个定理看 成是能量守恒原理的量子力学推广。对其他可与能量对易的实体 也能得到同样结果,按照经典理论,这些实体都是运动方程与时间 无关的积分。

　　如果把函数 $\psi(q,t)$ 用任一与能量不可对易的其他实体 v 的本 征函数 $\chi_m(q)$ 展开,则得

$$\psi(q,t) = \sum_m \tau_m(t)\chi_m(q) \tag{11}$$

---

　　① 这个结果仅限于能量算符与时间无关的情形。这里我们不打算进一步讨论更 一般的情形。

式中展开系数 $\tau_m(t)$ 并不具有(6)的特殊形式,即它们不是常数乘以一个大小等于 1 的指数因子。因此它们的平方将与时间有关。所以,当实体 v 与能量不可对易时,其几率分布 $d(v)$ 一般将随时间变化。唯有在稳定情形(2),即在 ψ 函数给定为能量本征函数的状态中,其他实体 v 的几率分布 $d(v)$ 方才与时间无关。这是因为当我们想把函数(2)用 v 的本征函数 $\chi_m(q)$ 展开时,只要将 $\varphi_k(q)$ 展开便能构成展式,也就是说,这个展式能写成如下形式:

$$\left. \begin{array}{l} \psi_k(q,t) = e^{-\frac{2\pi i}{h}H_k t} \sum_m \tau_m \chi_m(q) \\[2mm] \qquad = \sum_m \tau_m e^{-\frac{2\pi i}{h}H_k t} \chi_m(q) \end{array} \right\} \tag{12}$$

其中展开系数 τ_m 是常数。和前面一样,这里的指数因子可以归入系数中,也可以归入本征函数中。无论在那种情形,系数的平方都与时间无关。

本节的结果可以总结如下。态函数 ψ 总是与时间有关,即总是具有 $\psi(q,t)$ 的形式。它与时间的关系取决于第二薛定谔方程(1)。在稳定情形,$\psi(q,t)$ 由一个与时间无关的部分 $\varphi_k(q)$ 和一个大小等于 1 的含 t 的指数因子组成,而 $\varphi_k(q)$ 是能量的本征函数。在我们考虑过的那类不稳定情形,函数 $\psi(q,t)$ 如果用能量的本征函数展开,则具有(5)或(7)的形式,并且由此得出的展开系数 σ_k 是常数,或得出的展开系数为 $\sigma_k'(t)$,按照(6)式,后者仅在一个大小等于 1 的指数因子中含有时间。因此,几率因数 $|\sigma_k|^2$ 或 $|\sigma_k'(t)|^2$ 与时间无关。如果不稳定的 $\psi(q,t)$ 用实体 v 的本征函数展开,而 v 与能量不可对易,则展开系数 $\tau_k(t)$ 中将含有时间,且其形式不同于(6),因此几率分布 $|\tau_k(t)|^2$ 与时间有关。

下面几节我们在函数 ψ 中将不写明变量 t，而只简单地写作 $\psi(q)$。这时我们是把所说明的全部关系了解为对一切的 t 值都有效。

§19. 变换到其他态函数

到目前为止，我们一直是把函数 $\psi(q)$ 用作态函数，它是描述物理体系几率状态的函数。这样做时，我们就把坐标 q 同其他物理实体区别开来了，因为 ψ 是用 q 来表述的。在 §14 的薛定谔方程(5)的形式中也表现出这个区分，这方程通过本征函数 $\varphi(u,q)$ 确定着任一实体 u 与坐标 q 之间的关系。现在我们将证明，这种区分可以取消，我们也能用其他物理实体系来代替坐标 q 的地位。

让我们考虑连续情形。这时以上的论点是基于 §9 中所说明的函数 $\psi(q)$ 和 $\sigma(u)$ 之间的对称性。应用 §11 中的(16)式，$\sigma(u)$ 可用 $\varphi(q,u)$ 展开，展开系数由函数 $\psi(q)$ 确定：

$$\sigma(u) = \int \psi(q)\breve{\varphi}(q,u)\,du \qquad \breve{\varphi}(q,u) = \varphi^*(u,q) \tag{1}$$

此式可按如下的意义来解释：$\sigma(u)$ 是态函数，而 $\breve{\varphi}(q,u)$ 是 q 关于 u 的本征函数。利用这个概念并将规则 II 应用到展开系数 $\psi(q)$ 上，我们立刻就得到 §17 中的(14)，即得到规则 III。

如果采用 F 空间的几何语言来讲，则在被动解释中我们可以说，现在不是用 ψ 系作为参考系，而是引用 σ 系作为参考系。在 σ 系中，实体 q 的本征函数等于 ψ 系中 u 的本征函数在宗量对调之后的复数共轭。现在我们引入第三个实体 v，而以 $\tau(v)$ 为态函数，这时我们就要利用三角变换的关系(§11)。如果 v 在 ψ 系中的本征函数是 $\chi(v,q)$，它们就不能用作 v 在 σ 系中的本征函数，而要引用本征函数 $w(v,u)$，它取决于 §11 中的 $(16e)$，即

$$w(v,u) = \int \chi(v,q)\bar{\varphi}(q,u)dq \qquad (2)$$

因此，我们迄今所用的本征函数这一术语必须予以修正。我们不要简单地说物理实体的本征函数，而要说一个物理实体关于给定一个实体的本征函数，后一实体被用作态函数的宗量。

态函数的变换还牵连到某些其他的修改。确定着 ψ 函数与时间关系的第二薛定谔方程必须改为一个类似的方程，它确定着 $\sigma(u)$ 与时间的关系。我们建议读者参阅量子力学的教本。[①]

91

通过这些考虑，坐标 q 的绝对性就在很大程度上被消除了，而代之以参量的相对性。但是，这里面还有一点绝对性的残余，事实上，从 §14 中的经典函数 (1) 向实体 u 的算符过渡仅仅是在 q 和 p 作为宗量的情况下定义的。

§20. 用观测方法确定 ψ 函数

我们曾在 §18 看到，只要给定了时刻 t_0 的 ψ 函数，用第二薛定谔方程就能确定任一时刻 t 的 ψ 函数。因此，要利用这一确定程序就要知道时刻 t_0 的 ψ 函数。这个知识不能单靠理论探讨得到，此外还需要实验和观测。

[①] 例如参看 H. A. Kramers, *Grundlagen der Quantentheorie* (Loipzig, 1938), 145, 153 页。

我们可以用经典力学中的类似情况澄清这些问题。薛定谔第二方程相当于一个因果律,它确定着物理实体的数值在时间历径中的变化。为了应用这类定律,我们要知道有关实体的初始值;这个知识要靠实验和观测获得。量子力学中的这个知识即表现为时刻 t_0 的 ψ 函数。

确定 ψ 函数之所以困难,其根源在于如下一个事实:量子力学中的复函数并非直接可以观测的实体;只有它们的平方才是可以观测的实体。这些平方表示几率,因此可用统计方法来确定。但是复函数的平方并不能确定这个函数,因为许多不同的复函数可以有相同的平方值。原因在于复函数所代表的是一对实函数,而它的平方只代表一个实函数。因此,要确定一个复函数就要知道两个适当选择的具有统计特征的实函数。

§17 的结果启发我们从如下的方面进行尝试。如果给定了函数 $\psi(q)$,用规则 Ⅱ 和 Ⅲ 便可决定位置和动量的几率分布 $d(q)$ 和 $d(p)$;前者等于 $\psi(q)|^2$,后者等于 $|\sigma(p)|^2$,而 $\sigma(p)$ 是 $\psi(q)$ 按本征函数展开的展开系数。也许有人以为要是给定了 $d(q)$ 和 $d(p)$,就能把 $\psi(q)$ 和 $\sigma(p)$ 两个函数确定下来,因为展开中的本征函数是已知的;这样,$\psi(q)$ 和 $\sigma(p)$ 两个函数中的一个便取决于另一个。

事情表明这个想法是错误的。作者曾经就这个问题问过巴格 92曼,他曾经构想出一个例子,证明存在有一个类,其中包括几个不同的函数 $\psi(q)$[因而也就有一个相应的类 $\sigma(p)$],却可以和同一对分布 $d(q)$ 和 $d(p)$ 相容。如果 $\psi(q)$ 的任意性可归结为一个任意相因子的出现,这当然没有什么关系,因为仅仅相差一个常数相因子

（即大小等于 1 且与 q 无关的复数因子）的两个函数对一切物理实体说来都能给出相同的几率分布。可是，巴格曼构想出来的例子表明，$\psi(q)$ 的任意性是属于更一般的。给定 $d(q)$ 和 $d(p)$ 以后，我们能构成两个不同的函数 $\psi_1(q)$ 和 $\psi_2(q)$，它们都能与给定的分布相容，而对第三个不可对易的实体 u 来说，则导致不同的分布 $d_1(u)$ 和 $d_2(u)$[①]。

因此我们必须说，函数 $\psi(q)$ 除了描述一对几率分布 $d(q)$ 和 $d(p)$ 之外，还包括某些其他的知识。看来，目前不可能指出可以用何种观测方法获得这些特别外加的知识。

但我们有另一种方法可以摆脱上述的任意性，它能使我们借助统计观测来确定 $\psi(q)$。这个方法是由费茵堡提出的。费茵堡

———————————————

① 巴格曼假定函数 $\sigma(p)$ 具有 $\sigma(p) = \sigma(-p)$ 的特殊形式；这样便能证明：如果 $\varphi(p,q)$ 是傅里叶函数 $\dfrac{1}{\sqrt{2\pi}} e^{ipq}$，则下列二式成立：

$$\psi(q) = \int \sigma(p) \varphi(p,q) dp$$

$$\psi^*(q) = \int \sigma^*(p) \varphi(p,q) dp$$

这是因为对傅里叶函数有 $\varphi^*(p,q) = \varphi(-p,q)$，因此

$$\psi^*(q) = \int_{-\infty}^{+\infty} \sigma^*(p) \varphi^*(p,q) dp = -\int_{+\infty}^{-\infty} \sigma^*(-p) \varphi^*(-p,q) dp$$

$$= \int_{-\infty}^{+\infty} \sigma^*(p) \varphi(p,q) dp$$

由此可以推知，函数 $\psi(q)$ 也满足 $\psi(q) = \psi(-q)$ 的关系，但是除此限制之外，$\psi(q)$ 还可以任意选择。因此，给定的几率分布 $d(q)$ 和 $d(p)$ 既可以同一对函数 ψ^* 和 σ^* 相容，也可以同一对函数 ψ 和 σ 相容，但对其他实体 u 而言，这两对函数导致不同的几率分布 $d(u)$。巴格曼从这个简单的例子出发还构想出了更复杂形式的 ψ 函数，它们与给定的 $d(q)$ 和 $d(p)$ 相容。

证明了[①],如果在统计观测中考虑到 ψ 与时间的关系,就能把 ψ 确定下来。正如我们在 §17 所指出的,函数 $\psi(q)$ 必须看成是与时间有关的函数 $\psi(q,t)$ 在某个时刻 t 的特定值。同样,函数 $\psi(q)|^2$ 是表示函数 $|\psi(q,t)|^2$ 的一个特定值,因此几率分布也应写成与时间有关的形式 $d(q,t)$。我们把 t_0 写作宗量以表示在时刻 t_0 得到的特定函数。现在,费茵堡证明了,只要给定两个实函数 $d(q,t_0)$ 和 $\frac{\partial}{\partial t}(q,t_0)$,$\psi(q,t_0)$ 就可以确定,其中只有一个不定的常数相因子;这里 $\frac{\partial}{\partial t}d(q,t_0)$ 是指 $d(q,t)$ 在时刻 t_0 的时间导数。这个证明 93 利用了与时间有关的薛定谔方程,还需要某些本书未曾介绍过的数学方法。从 §18 中的(1)式可以看出,与时间有关的薛定谔方程确定着位形空间中 ψ 函数的形状与其时间导数的关系,因为方程左端含有 ψ 的空间导数,而右端是时间导数。因此,哪怕我们所具有的只是函数 $|\psi(q,t)|^2$ 的时间导数的知识,用它也可以在一定程度上把函数 $\psi(q,t)$ 在位形空间中的形状确定下来,再把它同 $|\psi(q,t)|^2$ 的数值结合起求,就可以完全确定 $\psi(g,t)$ 其中仅含一个不定的常数相因子。

由此可见,在确定 ψ 函数的问题上,$d(q,t_0)$ 和 $\frac{\partial}{\partial t}d(q,t_0)$ 这对实函数要比 $d(q)$ 和 $d(p)$ 或 $d(q,t_0)$ 和 $d(p,t_0)$ 这对函数好些,只有前者可以确定 ψ 函数。原因在于,与时间有关的薛定谔方程限

[①] 费茵堡的证明在 E. C. Kemble, *Fundamental Principles of Quantum Mechanics*(New York,1937)一书的 71 页中有所介绍。

制了与 $d(q,t_0)$ 和 $\frac{\partial}{\partial t}d(q,t_0)$ 这对函数相容的 ψ 函数的选择。如果从 $d(q)$ 和 $d(p)$ 这对函数出发，就不存在这种限定 ψ 函数之可能选择的限制。由于动量 p 取决于速度，而后者是 q 的时间导数，所以上述结果也可陈述如下：分布 $d(q)$ 的时间导数比 q 的时间导数的分布包含更多的知识。

现在我们至少可以在原则上把确定 ψ 函数的实际方法描述如下。我们不是从一个体系出发，而是从许多处在相同物理条件下的体系所组成之系综 A 出发；这些条件必须相当确定，以便保证每个体系都有相同形式的（尽管是未知的）函数 $\psi(q,t)$，换言之，这些条件要保证系综存在有单一的 ψ 函数（参看 §23）。然后我们从这些体系中随便选出一个子系综 B，并在时刻 t_0 测量 B 中每个体系的 q 值。测量结果对各个个别体系会有不同，这样就得到几率分布 $d(q,t_0)$。然后我们再假定，这样得到的几率分布对系综 A 的余系综 A' 也同样适用，这就是说，我们假定：如果测量 A 中全部体系的 q 值的话，也会得到同样的分布。这个假定所表明的乃是普通的归纳推理，没有这种推理当然不能构成任何的物理陈述。

现在我们采取一个重要的逻辑步骤。子系综 B 里的体系由于我们对之进行了测量，所以受到了干扰，因此它们便不属于系综 A。这些体系具有不是我们所感兴趣的新的 ψ 函数；我们所得的分布 $d(q,t_0)$ 乃是表示余系综 A' 的 ψ 函数的平方。

94 在紧接着 t_0 之后的时刻 t_1，我们再从 A' 中选出一个子系综 B'，同时测量其中全部体系的位置。并且我们认为所得的分布 $d(q,t_1)$ 确定着 A' 中除去 B' 之外剩下的余系综 A'' 的态函数 $\psi(q,t_1)$

的平方。于是，差 $d(q,t_1)-d(q,t_0)$ 除以 t_1-t_0 便是导数 $\frac{\partial}{\partial t}d\,(q,t_0)$

或 $\frac{\partial}{\partial t}\,|\psi(q,t_0)\,|^2$ 的近似数值。

现在我们要确定一个函数 $\psi(q,t_0)$；使之满足上述两个数据 $|\psi(q,t_0)\,|^2$ 和 $\frac{\partial}{\partial t}\,|\psi(q,t_0)\,|^2$，同时满足与时间有关的薛定谔方程。因为这一 $\psi(q,t_0)$ 只导致近似的结果，所以我们可以用数值近似的方法确定它。于是最后得到一个函数 $\psi(q,t_0)$，我们不仅把它看成是系综 A'' 的 ψ 函数，而且把它看成是与 A 同类的任何一个系综的 ψ 函数，也就是在确定 A 的那些物理条件下所产生的任何一个系综的 ψ 函数。

这种考虑尽管由于实际的原因总是不能实行，但其价值在于：它指出了如何用观测方法确定 ψ 函数。**态函数 ψ 能用观测数据来确定**；这就是我们这里所要说明的。一旦了解到这点之后，我们就有理由再去寻找其他确定 ψ 函数的方法了。一个常用的方法就是先根据实验安排的一般物理条件猜出一种 ψ 函数的形式，然后再将这个假定的函数所导出的结果与相应的观测结果比较，从而检验该函数中的数值常数是否正确。这类方法在我们已经知道所用的观测数据能在多大程度上确定 ψ 函数的时候是容许的。

由此可以看出量子力学中使用复函数的原因。复函数 ψ 可以看成一种数学缩写符号，它表示一对统计集合。例如，我们可以把 $\psi(q,t_0)$ 看成一对统计集合 $d(q,t_0)$ 和 $\frac{\partial}{\partial t}d\,(q,t_0)$ 的表示；或者考虑到时间导数取决于相邻时刻 t_1 的分布，而把它看成一对相邻时刻

的分布 $d(q,t_0)$ 和 $d(q,t_1)$ 的表示；或者把它看成一对分布 $d(q,t_0)$ 和 $d(p,t_0)$ 的表示，而附带如下的条件：ψ 比这对分布包含更多的知识。量子力学数学运算方法的价值就在于：利用复函数 $\psi(q)$ 的知识，我们不仅能知道 $\psi(q)$ 所由导出的原来的两个统计集合，而且还能知道体系在同一时刻的所有其他实体的统计分布；此外还能知道所有这些实体在任一以后时刻的统计分布。§17 中的规则 I 和 II 以及与时间有关的薛定谔方程提供了达到这些目的的程序。

95   这里要补充说一个逻辑上的特点。既然 ψ 函数是用统计方法确定的，所以它不可以从属于个别体系，而要从属于系综。相同的个别体系可以属于不同的系综，所以诸如"这个体系的 ψ 函数"的说法严格讲来毫无意义。尽管有这个困难，这类说法还是可用的，只要我们根据问题的前后关系考虑，知道该体系所属的是哪个系综。大家知道，关于单个事件的几率大小的陈述也有类似困难，因为几率这个性质仅仅对一类事件才能定义，所以这种陈述也只有当我们设想所考虑的事件从属于某个参考类的时候，它才有意义。[①] 如果这个类没有明确地指出来，那就必须要求它可以从问题的前后关系中看出来。同样，我们认为"某个物理体系的 ψ 函数"这种说法是有意义的，只要知道哪个**参考类**已被省略说了。

§21. 关于测量的数学理论

现在我们转到**测量**的分析上来。我们在统计考虑中曾利用过

[①]   参看作者的 *Experience and Prediction*(Chicago,1938)，§§ 33—34。

实体数值的测量,因此要讨论一下测量的含义是什么。

在经典物理中,已测实体和未测实体之间是有区别的,这两种情况之间的区别可以分析如下。未测实体是未知的;但这并不排斥我们能以一定的几率预言它。只要这个几率小于 1,就必须说实体是未知的。为了知道这个实体,我们必须施行进一步的物理操作来测量该实体。经过这些操作之后,预言的不确定性就被克服了;这意味着现在要是重复去测量的话,我们能肯定地预言将要得到的结果。

这个观念可以用来给测量下一定义[①]:**测量是一种物理操作,它可以提供确定的数字结果,并且在即时的复测中提供同样的结果。**

加上"即时"一词是必要的,因为如果耽搁得太久,实体的数值就可能有变化。仅当实体与时间无关时,这个限制才可以取消。

显然,经典物理中"测量"一词的使用符合上一定义,因为任何经典测量都具有上一定义中所要求的性质。通常,经典物理中的"测量"一词还附有某些其他要求,诸如要求实体不是在测量中产生的,而是在测量前便已存在,等等。让我们且不去讨论这类问题,仍然保留上一定义,如果不是为了目前分析之外的其他原因,我们都不讨论这类问题。

上一定义的优点是它也适用于量子力学。为了看出这点,让我们先要把这个定义翻译成量子力学的数学语言。

---

① 这个关于测量的定义曾由薛定谔很清楚地提出过,参看 *Naturwissenschaften* 23(1935),824 页。

因为物理体系的几率状态是由 ψ 函数来表示的,所以上一定义要求引入一个能让我们作出精确预言的 ψ 函数,也就是说,相对于这种预言来讲,实体 u 的几率分布 $d(u)$ 退化成一种集中分布。这里所用**集中分布**一词在分立情况下就是表示这样的分布:对于足标 i 有 $d(u_i)=1$,但对所有其他的足标 $k\neq i$,则有 $d(u_k)=0$。在连续情况下,集中分布只能用近似方法来定义,这时它意味着 $d(u)$ 可以看成狄拉克函数 $\delta(u,u_1)$ 这里 u_1 是实体 u 的现有值。

因此不难看出,在分立情况下,$d(u)$ 为集中分布的条件是函数 $\psi(q)$ 等同于实体 u 的某一本征函数 $\varphi_i(q)$。这里"等同"一词含有 $\psi(q)$ 可能与 $\varphi_i(q)$ 相差一个大小等于 1 的常数相因子的意思。上述条件可以从 $\psi(q)$ 按 $\varphi_k(q)$ 的展开看出,因为在 $\psi(q)$ 等同于 $\varphi_i(q)$ 的情况下,这个展式

$$\psi(q)=\varphi_i(q)=\sum_k \sigma_k \varphi_k(q) \tag{1}$$

给出如下的关系:

$$|\sigma_i|=1 \qquad \sigma_k=0 \text{ 当 } k\neq i \tag{2}$$

按照 §17 的规则 II,这意味着

$$P(s,u_1)=1 \qquad P(s,u_k)=0 \text{ 当 } k\neq i \tag{3}$$

连续情况在数学上麻烦些,因为连续基底函数不是反身的(参看 §9),函数 $\psi(q)$ 不能等同于 u 的任一本征函数。但我们可以利用近似方法,仿照分立情况来考虑问题。这时我们不是考虑一个明确的数值 u_i,而是考虑一个微小间隔 $u_1\pm\epsilon$,可将其简记为 u_ϵ。于是,$d(u)$ 为集中分布的条件是表成近似式的下列关系:

$$p(s,u_\epsilon)\sim 1 \qquad p(s,u)\sim 0,\text{若 } u \text{ 在 } u_\epsilon \text{ 之外} \tag{4}$$

这个条件当

$$\int_{u_{1-\epsilon}}^{u_{1+\epsilon}} |\sigma(u)|^2 du \sim 1 \qquad \sigma(u) \sim 0, 若 u 在 u_e 之外 \qquad (5)$$

时满足。因此 ψ 的展式实际上是：

$$\psi(q) \sim \int_{u_{1-\epsilon}}^{u_{1+\epsilon}} \sigma(u)\varphi(u,q) du \qquad (6)$$

这意味着 $\psi(q)$ 实际上是由一束邻接的本征函数 $\varphi(u,q)$ 所组成,这些本征函数所对应的本征值 u 都落在间隔 u_e 之内。我们将说在这情况下 $\psi(q)$ 是实体 u 的**实际本征函数**。[①] 这些结果使我们能提出下面的定义。

　　量子力学关于测量的定义:实体 u 的测量是一种物理操作,在这种操作之下,物体体系的 ψ 函数可表为 u 的本征函数之一,或表为 u 的实际本征函数之一。

　　这个定义必须看成量子力学的基本原理之一;它表示测量在几率关系的世界中被赋予的作用。符合上述测量定义的物理装置

----

　　① 应当了解,条件(5)仍不能完全确定系数 $\sigma(u)$ 在间隔 u_ϵ 之内的数值,因此函数 $\psi(q)$ 也还是不确定的。所以这里所说的实际本征函数不能设想为本征函数的近似。诚然,(6)式可以近似地写成

$$\psi(q) \sim \varphi(u_1,q)\int_{u_{1-\epsilon}}^{u_{1+\epsilon}} \sigma(u) du$$

但是式中的积分将随着 ϵ 的减小趋向于零,同时 $\varphi(u_1,q)$ 仍为有限;积分趋向于零是必然的,因为按 §17 中的(1),$\psi(q)$ 乃是规一化的函数,而 $\varphi(u,q)$ 的相应积分是无限大。因此 $\psi(q)$ 也将趋向于零,同时规一化条件仍然满足。这意味着 §3 海森堡不等式(2)中所出现的标准偏差 Δ_q 接近于无限大。因为 $\psi(q)$ 这时将与上式的不精确度有相同的数量级,所以我们不能说 $\psi(q)$ 与 $\varphi(u,q)$ 成正比。由此可见,利用 ϵ 趋于零的极限过程并不能确定 ψ 函数的形式。在这里,连续情况本质上不同于分立情况。

事实上是存在的；这些装置的描述和构造便构成我们称之为测量技术的那一部分物理学。我们将把这种用本征函数来定义的测量称为**理想测量**。从实际本征函数的定义可知，在连续情况下测量只能大致上是理想的，也就是说，这些测量只能进行到一定的近似程度。在分立情况下，理想测量原则上能够进行；但实际上总是不可能，因此即便在分立情况下，ψ 函数也只是被测实体的实际本征函数，即是由一束邻接的本征函数所组成的函数。在两种情况下，我们都说体系对 u **是确定的**。①

98　　　　现在我们可以转过来讨论测量在物理操作中所起的作用了。这个讨论的依据是上述关于理想测量的定义。我们将看到，这个定义直接导致不确定关系，并且直接导致测量产生干扰的原理。在理想测量中，这种干扰表现得最小，实际测量产生的干扰总要大些。这就是我们把讨论仅限于分析理想测量的理由；因此，我们确定的是任何测量所能产生的最小干扰。

不确定关系牵涉到同一时刻完成不同测量的问题，即用同一个物理装置完成不同测量的问题。如果这个装置可以确定不同物理实体的精确数值，那么，这些实体就一定有相同的本征函数；否则，装置的 ψ 函数就只能对应于这些实体当中某个实体的本征函数。前面曾指出，相应于可对易算符的实体具有相同的本征函数；所以这些实体能够同时测量。可是相应于不可对易算符的实体具

①　从上一脚注中的论点可知，当体系对 u 确定时，它的 ψ 函数还是不确定的，因此其他实体的几率分布也不是确定的。仅当我们遇到的是分立情况，并且知道 $\psi(q)$ 精确地等于本征函数 $\varphi_i(u)$ 时，所有其他实体的几率分布才也是确定的。一般地说，我们需要有两个如 §20 中所说明的几率分布才能确定 $\psi(q)$。

有不同的本征函数;因此我们不可能用同一个物理装置测量这些实体。我们曾在§15的(6)式中看到,特别地说,动量和位置就是不可对易的实体,因此不存在一种物理装置能同时测量位置和动量。

然而,如果这些实体不能同时测量的话,我们是否能一个接一个地去测量呢? 我们必须转过来回答这个问题。为了简单起见,这里只讨论分立情况;连续情况可以用上述近似方法导致同样的结果。

如果在测量 u 之后得到的结果是 u_i,则体系的 ψ 函数便等同于 $\varphi_i(q)$。为了确定对这个体系测量实体 v 时所得结果的几率,我们要把这个 ψ 函数按 v 的本征函数展开。我们假定 v 与 u 不可对易,所以 v 的本征函数 $\chi_k(q)$ 不同于 $\varphi_i(q)$。现在,$\varphi_i(q)$ 用 $\chi_k(q)$ 所作的展开取决于三角变换关系(§11);由§11的(17f)式有

$$\varphi_i(q) = \sum_k \tilde{w}_{ik} \chi_k(q) \tag{7}$$

现在我们应用§17中的规则 II。因为体系的情态 s 是测量 u 得到结果为 u_i 之后产生的情态,所以几率表式中的 s 可故为 u_i,再仿照§17中的(3)式写成

$$P(u_i, v_k) = |\tilde{w}_{ik}|^2 \tag{8}$$

这就是在测得数值 u_i 之后,发现数值 v_k 的几率。我们看到,它不是集中分布,而是一个几率谱,其范围包括 v 的全部可能数值。因此,在完成 u 的测量之后,我们只能以确定的几率预言 v 的测量结果。

现在设想在测量 u 得到结果为 u_i 之后,实际完成了 v 的测

量,并且给出的结果是 v_k。这时体系便到达新的物理情态 s,具有新的 ψ 函数,它等同于 $\chi_k(q)$。我们知道,要是再去测量 v 的话,我们仍会得到 v_k;这点可以通过前面的类似考虑看出。但是,如果我们不想再去测量 v,而要重新测量 u 的话,我们就不能再肯定地预言测量 u 的结果了。更确切地说,我们所能预言的是 u 的几率谱,它由态函数 $\chi_k(q)$ 按本征函数 $\varphi_i(q)$ 所作的展开决定。这个展开取决于 §11 的 (17d):

$$\chi_k(q) = \sum_i w_{ki} \varphi_i(q) \tag{9}$$

因此我们有

$$P(v_k, u_i) = |w_{ki}|^2 \tag{10}$$

利用 §11 的 (2),可得

$$|\tilde{w}_{ik}|^2 = |w_{ki}{}^*|^2 = |w_{ki}|^2 \tag{11}$$

因此

$$P(u_i, v_k) = P(v_k, u_i) \tag{12}$$

(10)式表示这样一件事实:在测量 v 之后,我们只能知道 u 的几率谱。这个几率谱与原先测量 u 之后 v 的几率谱之间有一种对称性,如(12)式所示。这种对称性并不能取消如下的基本事实:这里是摆脱不了几率的。在测量 v 之前,我们肯定地知道再次测量 u 时仍会得到数值 u_i,并且知道测量 v 时只有一定的几率(8)会得到数值 v_k。在测量 v 得到的结果是 v_k 之后,我们就肯定地知道再次测量 v 时仍会得到 v_k,并且知道测量 u 时只有一定的几率(10)会得到数值 u_i。

正是这个事实,必须用客体受测量之干扰来解释。量子力学中有种种测量,这意味着有种种物理操作能产生数字结果,它们在重复进行之下导致同一的结果。但是,如果在实体 u 的两次测量之间插进一次与其不可对易的实体 v 的测量,那么,u 的第二次测量结果就不一定再是第一次的数恒 u_i 了,我们只能以一定的几率(10)预言第二次的测量结果。因此,v 的测量一定对体系有了影响,使它的物理情况发生了变化。

从数学上说,测量的影响表现在对易规则中,§15 的(6)就是基本算符 p 和 q 的对易规则的公式表示;其他一系列参量也有类似的公式。正是由于算符的不可对易性,使我们不可能创造一种能表示同时测量这些参量的情态。因此,对易规则是我们以前在反比性相关原理中所表述的观念的普通表现形式。所以我们可将它看作 §3 中海森堡不等式(2)到另一公式表示,后者是可以从对易规则导出的,这在量子力学教科书中都有证明。当 $h=0$ 时,一切参量都是可对易的,这时测量就不会有什么干扰,因而也就不会有什么不确定性。

关于基本参量 p 和 q,让我们再补充一点。**正则共轭**关系或**并协**关系把这些参量划分为两类,其中每一类仅包含可对易的参量;但是划分的方法可以各自不同。例如,我们可以使一类包括全部的 q_i,另一类包括全部的 p_r。但也可以使前一类包括一些位置参量和一些动量参量,只要后者与前者无并协关系。譬如说。一个粒子有三个位置参量 q_1, q_2, q_3 和三个动量参量 p_1, p_2, p_3,我们可以使第一类参量包括 q_1, p_2, q_3,第二类包括 p_1, q_2, p_3。对每一类这样的参量说来,都可以设计出一种复合测量,来确定该类中的各个参量;这时并协类中的各个参量仍然不确定。

与动量和位置的情况一样，能量和时间彼此也有类似的对等关系，它们也是并协的参量。从形式上说，这里是有区别的，因为量子力学没有把时间看成是与其他物理实体同类的物理实体；例如量子力学方程中没有用到什么时间算符。由于这个事实，我们不能对能量和时间建立一个像§15中的(6)式那样的对易规则。我们甚至能证明：如果试图引用时间算符，§15中(6)式那样的对易规则对能量和时间来说就会导致矛盾。[1] 尽管如此，§3的测不准关系(3)还是成立的，不过它没有相应的对易规则。

能量的测量一般是和位置或动量的测量不相容的。例如，当能量算符具有§14中(3)的形式时，它和位置算符以及动量算符都不可对易。测量中如能确定一次测量所能确定的最大数目的参量，则此测量称为**最大测量**。当然，也有些测量确定的参量数目较少；例如我们可以单独测量 q_1。

§22. 几率运算的法则和测量之干扰

测量的影响也能通过另一种考虑表示出来。让我们假定首先
101 进行了实体 u 的测量 m_u，接着再进行实体 v 的测量 m_v，然后进行实体 w 的测量 m_w。于是我们便有几率：

$$P(u_i, v_k) \text{ 和 } P(v_k, w_m) \tag{1}$$

它们确定着测量结果。此外，得到数值 w_m 的几率仅与测量 v 所

---

[1] 参看 W. Pauli, "Die allgemeinen Prinzipien dor Wellenmechanik," *Handbuch der Physik*, 第 24 卷, 1(Geiger-Scheel 编, 第二版, Berlin, 1933), 140 页。

得到的数值 v_k 有关,而与测量 v 之前的数值 u_i 无关,即当各次测量按照上述顺序完成时,我们有:

$$P(u_i. v_k, w_m) = P(v_k, w_m) \tag{2}$$

括号中的句点号表示逻辑上的"与"。(2)式的得到是由于 ψ 函数在测量 v 以后便取 $\chi_k(q)$ 的形式,它同原先的 u 测量无关。因此,从几率运算法则中的一般乘法定理出发[①],我们可以得到:

$$P(u_i, v_k. w_m) = P(u_i, v_k) \cdot P(u_i. v_k, w_m)$$

$$= P(u_i, v_k) \cdot P(v_k, w_m) \tag{3}$$

式中 $P(u_i, v_k. w_m)$ 表示我们在得到 u_i 之后,将得到 v_k **并且**接着得到 w_m 的几率。应用几率演算中称为**消去法则**的定理,在 u_i 之后得到 v 的任一数值并且接着得到 w_m 的几率可由下式算出:

$$P(u_i, [v_1 \vee v_2 \vee \cdots]. w_m) = \sum_k P(u_i, v_k) \cdot P(v_k, w_m) \tag{4}$$

符号 $\vee$ 表示逻辑上的"或"。上式左端等于

$$P(u_i, w_m) \tag{5}$$

因为在数值 $v_1, v_2 \cdots$ 中必定得到一个。(4)式右端的第一项由 §21 的(8)式确定。为了解释第二项,我们要知道,这里正好可以画出一个表示变换关系的四边形,即 §11 的图 8,其中 ψ 表示实体 q,σ 表示实体 u,τ 表示实体 v,ρ 表示实体 w。因此如 §11 的(27)式所示,利用三角形 $\psi\tau\rho$(或 quw)可得到:

---

① 我们这里用来表示几率的符号以及运算几率的法则在作者的 *Wahrscheinlichkeitslehre*(Leidon,1935)中有所介绍。为了适应于英语,那里所用的符号 W 在这里被改为 P。在作者的论文"*Les fondements logiques du calcul dos probabilités*"(*Ann. de l'Inst. Henri Poincaré*,第 7 卷、第 5 册,267—348 页)中也作了同样的改动。这篇论文相当于作者在几率演算方面工作结果的总结。

$$\chi_k(q) = \sum_m \eta_{km} \check{\zeta}_m(q) \tag{6}$$

所以

$$P(v_k, w_m) = |\eta_{km}|^2 \tag{7}$$

因此(4)式能写成：

$$P(u_i, w_m) = \sum_k |\check{\omega}_{ik}|^2 \cdot |\eta_{km}|^2 \tag{8}$$

另一方面，我们也可以取消 v 的测量，直接从 u 的测量转到 w 的测量。这在数学计算中就意味着把函数 $\psi(q) = \varphi_i(q)$ 用实体 w 的本征函数 $\check{\zeta}_m(q)$ 展开。在此展开下，由三角形 $\sigma\rho\psi$(§11，图8)可得到§11中的公式(26)，这里我们用变量 q 写出它：

$$\varphi_i(q) = \sum_m \vartheta_{im} \check{\zeta}_m(q) \tag{9}$$

所以我们有

$$P(u_i, w_m) = |\vartheta_{im}|^2 \tag{10}$$

按照§11的(19)，由三角形 $\sigma\rho\tau$ 可知 ϑ_{im} 等于

$$\vartheta_{im} = \sum_k \check{\omega}_{ik} \cdot \eta_{km} \tag{11}$$

故有

$$P(u_i, w_m) = \left| \sum_k \check{\omega}_{im} \cdot \eta_{km} \right|^2 \tag{12}$$

(12)式与(8)式有矛盾，因为一般说来，和的平方不等于平方之和。更确切地讲，我们可以认为对多数实体 w 说来(12)式与(8)式有矛盾。

现在如果假定我们采取几率的频数解释[①]，那么几率运算的

---

① 参看作者的 *Wahrscheinlichkeitslehre*(Leidon,1935)，§18。

法则就是永真的同语反复;因此我们不能拒绝应用消去法则(4)。逻辑法则不能受物理经验的影响。如果用一种不太夸张的形式来表示这个观念的话,那就意味着:当物理关系中出现了矛盾时,我们绝不能认为这是由于形式逻辑所致,而要认为这是由于物理解释有错误所致。在我们的情况下,错误在于(8)和(12)左端用到的两个表式;这两个表式的意思并不相同,因此应当用适当的符号区别开它们。

为此目的我们必须指出这样一个事实:测量已经完成了。让我们将 u 的测量记为 m_u。于是§21 中的(8)应改为

$$P(m_u.u_i.m_v,v_k) = |\,\check{\omega}_{ik}\,|^2 \tag{13}$$

括号中用句点相连的各项次序表示时间的次序。[①] 在这种新记法中,§21 的(12)应写成

$$P(m_u.u_i.m_v,v_k) = P(m_v.v_k.m_u,u_i) \tag{14}$$

现在(7)式便变为

$$P(m_v.u_k.m_w,w_m) = |\,\eta_{km}\,|^2 \tag{15}$$

(8)式变为

$$P(m_u.u_i.m_v.m_w,w_m) = \sum_k |\,\check{\omega}_{ik}\,|^2 \cdot |\,\eta_{km}\,|^2 \tag{16}$$

而(12)式采取如下形式:

$$P(m_u.u_i.m_w,w_m) = \left|\,\sum_k \check{\omega}_{ik} \cdot \eta_{km}\,\right|^2 \tag{17}$$

因此,这里并无矛盾,只是推出了如下的不等式:

$$P(m_u.u_i.m_v.m_w,w_m) \neq P(m_u.u_i.m_w,w_m) \tag{18}$$

103

---

① 因此,在此记法中,我们用的是一种不对称的"与",也可以不用它,而引用表示时间次序的足标。

这个不等式清楚地表示出测量的影响:得到数值 w_m 的几率不仅依赖于先前测量其他实体的**结果**,而且依赖于这些测量**事件本身**。几率表式中前一位上出现的 m_v 一项改变了这个几率,虽然在此式中并未出现 v 的任何数值 v_k。

就几率来说,测量 m_v 的这一影响的大小可以精确算出来;这表现在(16)式中。不管实体的测量形式如何,测量影响的大小一般都能算出来。这是由于我们的理论只考虑理想测量(参看边码97页)。对于实际测量,(16)式仅仅给出近似结果。

如将第三个实体 w 选作第一个实体 u,就是如果重复第一次的测量,那么测量的影响甚至更为明显。在没有 v 的测量夹在中间时,我们有[参看§21,(3)式]:[①]

$$P(m_u . u_i . m_u , u_m) = \delta_{im} \tag{19}$$

这表示几率是集中分布的;得到与观测前相同的数值的几率等于1,得到任何其他数值的几率等于零。但是,当有 v 的测量夹在中间时,由(4)式并利用§21的(8)和(10)式可知:

$$P(m_u . u_i . m_v . m_u , u_m) = \sum_k | \check{\omega}_{ik} |^2 \cdot | \omega_{km} |^2 \tag{20}$$

这是一般的分布,就好像原先没有测量过 u 一样。v 的测量夹在中间破坏了 u 原先有的集中分布。因此我们得到相应于(18)式的不等式:

$$P(m_u . u_i . m_v . m_u , u_m) \neq P(m_u . u_i . m_u , u_m) \tag{21}$$

测量产生的物理干扰具有这样的性质:一切测量都要产生新

---

　　① (19)也是(12)式的必然结果,把(12)式中的 η_{km} 改为 w_{hm},并应用§11中的(2)以及§9中(7)式所示的 w 的正交条件,即可得到(19)。

的情态,在新的情态中,原先情态的影响再也看不出来了。这一事 104
实可表示为下列两个关系式:

$$P(s. m_v. v_k. m_w, w_m) = P(m_v. v_k. m_w, w_m) \tag{22}$$

$$P(m_u. u_i. m_v. v_k. m_w, w_m) = P(m_v. v_k. m_w, w_m) \tag{23}$$

这说明几率表式中首位出现的 s 一项以及像 $m_u \cdot u_i$ 之类的项,如果后面跟的是 $m_v \cdot v_k$ 之类的项,它们就可以省去不写。以上二式代替了不正确的写法(2)。

不等式(18)和(21)是客体受测量干扰的一个很清楚的公式表示。我们可以用这些公式来证明我们过去的陈述:不确定原理(参看 28 页)不是观测干扰的逻辑后承。为此目的,我们就要证明可能有一个物理世界,其中,测量虽然对客体有干扰,但我们能精确地预言测量的结果。这样的世界可以构想如下。设想有下列关系:

$$P(m_u. u_i. m_v, v_k) = \delta_{i+1, k} \tag{24}$$

这意味着测量总要使体系发生变化,产生下一个具有较高足标的本征值。让我们假定上式当 m_v 改为 m_u、v_k 改为 u_k 时也成立,即当实体 u 被重复测量时也成立。于是由消去法则可以得到:

$$P(m_u. u_i. m_v. m_w, w_m) = \sum_k P(m_u. u_i. m_v, v_k)$$

$$\cdot P(m_v. v_k. m_w, w_m) = \sum_k \delta_{i+1, k} \cdot \delta_{k+1, m} = \delta_{i+2, m} \tag{25}$$

但由(24)式,我们有

$$P(m_u. u_i. m_w, w_m) = \delta_{i+1, m} \tag{26}$$

这个结果表明,不等式(18)照旧成立,因此必须认为这里客体也受测量的干扰。但是,(24)式表明我们能精确预言每次测量的结果。

当然,(24)式在量子力学中并无确实根据。我们用这个公式只是为了一个形式上的目的,即证明不确定原理并非客体受干扰的逻辑后承。它们的关系倒应当反过来说。如果测量没有任何干扰,我们便能作出精确的预言;在这个蕴含关系中,把蕴含部分之否定和被蕴含部分两者的关系倒过来[1],我们就可以得到结论说:测不准原理蕴含客体受测量的干扰。

§23. 几率和量子力学统计系综的性质

§22中(16)和(17)两式右端之间的差别以及(19)和(20)两式右端之间的差别,一直被认为是测量产生干扰的表示,这是正确的;但这个结果时常被一个不恰当的术语弄得暧昧不明起来。有人一直用"几率的干涉"表示这样的事实:在上节几率(17)式的推导中,使用复函数的方法有点像数学上处理波的干涉。但是,这个术语可能被理解成如下的意思:量子力学所用的几率演算方法不同于经典的。我们知道事情并不是这样。发生干涉的乃是**几率振幅**而不是几率。从§20的考虑可知,几率振幅所代表的并不是几率函数,而是一对对的几率函数;所以我们不必奇怪为什么联系这一对对几率函数的规律在结构上不同于个别几率函数所遵从的规律。此外,既然每一对这样的几率函数表征着一个特定的物理情态,那么,控制这一对对函数的关系的那些规律也就可以确定各种物理情态的几率值;因此这些规律也包括关于物理情态对其所属

---

[1]　这是我们在§31,(9)式中所表示的逻辑上的调位原则。

几率值的影响的陈述。量子力学中导出的任何几率陈述都和普通的几率陈述具有相同的意义,没有任何地方和经典几率法则有丝毫的偏差。正确的记法可以澄清这点;它在以后的几率演算法则中可以指出量子力学陈述的物理内容。量子力学与经典物理的区别在于§22的不等式(18),它是说,获得某一测量结果的几率依赖于其他测量事件本身。这是指两种物理学的差异,而不是指两种几率演算法则的差异。

这类误解的根源也许在于过去对几率演算的错误解释,这种错误解释在几率演算理论的整个历史中大大促成了关于几率之本质的错误概念的产生。几率演算方法仅仅研究如何从一些几率推出其他几率;所以仅当某些几率给定之后它才能用于实际目的。这些原始几率的确定并不是数学问题,而是物理问题。在大多数场合,这些几率的确定只用到**统计推理**(又称**计数归纳法**或几率的**后验确定法**);这时我们是在观测到的事件序列中数出事件出现的频数,并假定这个序列再往下延长时仍然保持这个频数。这样确定的几率称为**由统计推理得到的几率**。但是,在某些其他场合,我们要借助理论假定引入几率。这些假定并非直接基于统计考虑。它们可以涉及个别事件,要不就可以在物理理论的框架内建立起来;这就是说,它们可以具有物理规律的形式,能指出一个几率在某些物理条件下具有这个或那个数值。这类**由理论引入的几率**的例子是:一颗骰子某一面的几率是$\frac{1}{6}$,或玻尔兹曼－麦克斯韦气体中分子的各种排列方式是同等可几的。时常有人认为这些陈述可以借助"无反对理由的原则"先验地导出。这当然是站不住脚的看

法。由理论引入的几率只能靠任一其他物理假定之证实而被证明
为正确，也就是说，去验证它的可观测的后承来证明它为正确。
§17 中的规则 Ⅱ 和 Ⅲ 所确定的从几率振幅得到的量子力学几率，
都是上述意义的由理论引入的几率。然而几率振幅并不属于几率
演算的范围，而是属于物理学的范围。和导出观测数值的所有其
他场合一样，这样导出的几率是否正确就要看假定是否成功。但
以假定方式引入这些几率并不等于说它们是别种几率。时常有人
用"潜在的几率"这类说法把这些几率与其他几率区别开来，这显
然是不适当的。就几率能确定未来观测的结果而言，一切几率都
是潜在的。无论是由统计推理引入的几率或是通过物理假定引入
的几率，它们的意义在关于事件序列之频数极限的陈述中总是给
定的。

从这些一般探讨的结果看来，现在我们可以懂得要对量子力
学中出现的统计系综作一种物理区分了，可以把它称为**纯粹系综**
和**混合系综**之间的区分。我们从下面的考虑可以弄清这一区分的
本质。

假想有大量数目的体系，并对它们进行 u 的测量；有些体系将
给出数值 u_i，另一些给出数值 u_k，等等。让我们假定本征值 u_i，
u_k，…不是简并的，即每个本征值只对应有一个特定的本征函数。
然后我们把那些在测量后给出 u_i 的体系集合成一类 C；这个系综
可以说是**纯粹系综**。它所以称为纯粹系综，是因为如果对这类体
系重复测量 u 的话，其中的每个体系都会给出 u_i。现在设想我们
对 C 中的全部体系测量一个与 u 不可对易的实体 v；这时我们将
从一个体系得到数值 v_k，从另一体系得到数值 v_m，等等。这些数

值的几率取决于 §22 的 (13)。在此测量后,系综 C 便不再是纯粹 系综,而是**混合系综**,因为其中的体系具有不同的 v 值。如果现在再去测量 u,那就会从各个体系得到不同的 u 值;而且,数值 u_m 在 C 中出现的百分比取决于 §22 的几率公式 (20)。因此,纯粹系综一旦被破坏以后,它就不能单靠测量操作重建起来;为了建立新的纯粹系综,此外还需要从 C 中重新进行选择。

以上考虑有助于澄清经常用于个别体系的一个术语。当我们说**对个别体系**进行的测量产生一个纯粹系综时,或者说体系的 ψ 函数变为被测实体的本征函教时,意思是这个函数乃是一个系综的 ψ 函数,这个系综是由该体系**与**一系列具有相同测量结果的其他体系合并为一类而成的。这个类称为**参考类**(参看 §20 末尾的补充之点),它在"个别体系在测量后的 ψ 函数"这句话里被省略掉了。因此这句话的意思等于是说"一类体系在测量 u 得出结果为 u_i 之后的 ψ 函数"。

在纯粹系综中,每个体系都有相同的 ψ 函数,它也就是本征函数 $\varphi_i(q)$,足标 i 对全部体系都相同;另一方面,混合系综所包含的体系具有各种不同形式的 ψ 函数,它们是具有不同足标 k 的函数 $\varphi_k(q)$。在全部事例中,每个函数 φ_k 将以一定的百分比 c_k 出现。但是,两种系综都只是统计系综,因为即便在纯粹系综的情形。只要实体 v 的本征函数不同于系综的 ψ 函数,我们就只能统计地预言 v 的测量结果。这就产生一个问题:是否可能仿照纯粹系综那样,用单个函数 $\psi(q)$ 来表征混合系综呢?当然,如果能够的话,这个函数会不同于各个本征函数 $\varphi_k(q)$。

答案是否定的;这就是说,我们不可能用单个 ψ 函数来表征混合系综。为了证明这点,可假定存在有一个这样的函数,然后再去证明这个假定导致 §22 所说的那种矛盾。让我们把混合系综记为 S。如果混合系综 S 有单独一个 ψ 函数,它就能用本征函数 $\varphi_k(q)$ 展开:

$$\psi(q) = \sum_k \sigma_k \varphi_k(q) \tag{1}$$

按照 §17 的规则 Ⅱ,数值 $|\sigma_k|^2$ 表示测得实体 u 的数值为 u_k 的几率;因为每当个别体系的 ψ 函数是本征由数 $\varphi_k(q)$ 时就有这个结果,所以我们有

$$P(S. m_u. u_k) = |\sigma_k|^2 = c_k \tag{2}$$

现在让我们不去考虑实体 u 或 v 的测量,而去考虑另一实体 w 的测量,设 w 的本征函数是 $\zeta_m(q)$。利用 §11 的(24)式,将 $\psi(q)$ 用这些本征函数展开,得到:

$$\psi(q) = \sum_m \rho_m \check{\zeta}_m(q) \tag{3}$$

因此利用 §11 的(25),我们有

$$P(S. m_w, w_m) = |\rho_m|^2 = \left|\sum_k \sigma_k \vartheta_{km}\right|^2 \tag{4}$$

另一方面,这个几率也能用如下的方法来确定。利用 §11 的(26),将 φ_k 用本征函数 ζ_m 展开,得到:

$$\varphi_k(q) = \sum_m \vartheta_{km} \zeta_m(q) \tag{5}$$

因为在混合系综 S 中出现本征函数 $\varphi_k(q)$ 的几率等于 c_k,故有

$$P(S. m_w, w_m) \sum_k c_k \cdot |\vartheta_{km}|^2 = \sum_k |\sigma_k|^2 \cdot |\vartheta_{km}|^2 \tag{6}$$

这便导致 §22 里(8)和(12)所表现的那种矛盾。尽管有些特殊的矩阵 ϑ_{km} 能同时满足(4)和(6),但大多数幺正矩阵不能如此;换言

之,我们总有可能构成一个幺正矩阵 ϑ_{km}(或者同样的说法是,总有可能定义一个实体 w),使得(4)和(6)不相容。

因此,系综 S 不能用单个 ψ 函数来表征,它只能由若干个 ψ 函数的混合来表征。利用 §22 几率表式(16)和(17)中所用的符号,系综 S 的特点可以表示如下:对 S 进行 w 的测量应具有 m_u、u_i、m_v、m_w 的形式,而不是具有 m_u、u_i、m_w 的形式。在形式上可以说,用小写的"s"只能代替几率表式中的"m_u、u_i"一项;"m_u、u_i、m_v"一项必须用大写的"S"来代替,这个符号所表示的不是一个 ψ 函数,而是若干个 ψ 函数的混合。这个形式上的规则的意义在于:如果测量不单纯是原先测量的重复,那么,不管测量结果如何,测量所产生的系综都是综合系综。

我们看到,**物理情态**这个概念所确定的虽然不是一个体系,而是一个统计系综,但它并不适用于一切种类的统计系综,而只限于其中一些特殊形式的系综,那就是可由单个 ψ 函数来表征的系综。

这就产生一个问题:**物理情态**的术语是否比纯粹系综的术语更普遍。要是有些形式的 ψ 函数不能看成任何物理实体的本征函数的话,事情就会是这样。但我们无须作这种区分,因为我们总可以定义一个物理实体,使得给定的 ψ 函数是该实体的本征函数之一。从数学上说,这只是意味着我们总能把给定的函数合并到某个正交函数集中,并且构造出一个算符,得使如上构成的函数集是该算符的薛定谔方程之解。这样定义出来的物理实体一般不是已有定名的实体;例如,它可以是能量与位置的乘积再除以动量的平方根之类的东西。此外,我们也不知道是否有一种物理方法能测量这个实体,亦即是否有一种方法能在物理上产生具有给定 ψ 函数的体系。但在形式上说，任何 ψ 函数都可以看成是一个物理实体的本征函数。因此，我们不去区分**纯粹系综**与**物理情态**（或**由单个 ψ 函数所表征的系综**）这两个术语。当我们在 §22 的（22）和（23）这些几率表式中把一般的情态 s 与结果为 u_i 的测量 m_u 所产生的情态区别开来时，只是为了指出它们的物理实现方法有所不同；这两个情态在原则上是相同的。

所以我们仅仅区分两种统计系综：一种是纯粹系综 S，它由许多处在相同物理情态下的体系组成；还有一种是混合系综 S。[①] 我们没有因为这种区分而引用不同的几率演算理论；几率律在两种情况中是相同的。我们所引入的是确定几率数值的方式有所不同。纯粹系综允许我们把几率数值合并到一个复函数中，而混合系综除此之外还要求逐一计算各个 ψ 函数在系综中出现的几率。这说明了纯粹系综区别于其他系综的一个物理特点。这个特点是由下一事实而来：**纯粹系综代表着量子物理中所能获得的最大程度的齐一性**；因此我们可以认为纯粹系综确定着一个特定的物理情态。

本节是我们简要解说量子力学数学方法的结束。总结起来说，我们可以把下面几个原理列为**量子力学方法的基本原理**：

1)在给定的物理关系内，物理实体由算符、本征函数和本征值表征，本征函数和本征值取决于第一薛定谔方程（§§14—16）。

---

　　① 可以证明，任何混合系综 S 都能设想为若干构成一正交集的 ψ 函数的混合。因此，根据上述考虑，我们可以说，对每个混合系综都存在有一个实体 x，使得该混合系综能设想为对应于实体 x 的测量结果的纯粹系综之混合。参看 M. Born and P. Jordan, *Elementare Quantenmechanik* (Berlin, 1930)，§59。

2)物理情态由 ψ 函数表征,它通过§17中的规则 Ⅰ—Ⅲ 确定着几率分市,反之也由这些分布所确定(§20)。

110

3)ψ 随时间变化的规律取决于第二薛定谔方程(§18)。

4)量子力学关于测量的定义(§21)。

不确定原理和客体受测量干扰的原理不包括在这些基本原理中;它们都是**导来的**原理,可以从基本原理导出。

第三篇　解释

§24.经典统计与量子力学统计之比较

在第二篇,我们解说了量子力学借以推导物理实体几率分布的数学方法。现在我们转到这些方法的逻辑分析上来。

在经典物理中,给定参量 $q_1 \cdots q_n$ 和 $p_1 \cdots p_n$ 以后,状态就被决定了。让我们像前面一样用 q 代表 $q_1 \cdots q_n$,用 p 代表 $p_1 \cdots p_n$。足标 o 表示在时刻 t_0 的值。于是**经典物理中的推导关系**可以概括如下表:

始定:

　1)时刻 t_0 的值 q_0 与 p_0

　2)物理定律

可定:

　3)其他一切有关的实体在时刻 t_0 的值 u_0

　4)q 与 p 在时刻 t 的值 q_t 与 p_t

　5)任一实体 u 在时刻 t 的值 u_t

3—5 的数值是借助下面几个数学函数导得的,其中用符号 f 一般地表示函数,而不逐一指明它的个别形式:

$$q_t = f_t(q_0, p_0) \qquad (1)$$

$$p_t = f_t(q_0, p_0) \qquad (2)$$

$$u_t = f(q_t, p_t) \qquad (3)$$

这些关系构成了问题的因果律。

现在让我们考虑一种可以称之为经典统计物理的推广形式，这就是把因果律与统计方法结合起来。这时我们认为因果律(1)—(3)仍然有效；但引入一种方法考虑到数值 q_0 与 p_0 不能精确测定的事实。这样，我们的做法就有所改变了：不是去逐一指明这些数值，而是去陈述它们的几率分布。令这些分布在时刻 t_0 的形式是 $d_0(q), d_0(p)$ 和 $d_0(q, p)$，后一函数确定着 q 与 p 的数值组合的几率。于是**经典统计物理中的推导关系**可以写如下表：　112

　给定：

　　1)时刻 t_0 的几率分布 $d_0(p, q)$

　　2)物理定律

　可定：

　　3)时刻 t_0 的几率分布 $d_0(q), d_0(p)$ 和一切其他有关实体的几率分布 $d_0(u)$

　　4)时刻 t 的几率分布 $d_t(q, p)$

　　5)时列 t 的几率分布 $d_t(q), d_t(p)$ 和一切其他有关实体的几率分布 $d_t(u)$

把这个表与严格因果场合的表比较一下便可看出，几率分布的引入需要有一个进一步的区分，这是由于几率分布 $d_0(q, p)$ 不同于几率分布 $d_0(q)$ 与 $d_0(p)$；前一个分布属于必须给定的范畴，后两个分布属于待定的范畴。后两个分布是通过下列关系导得的：

$$d_0(q) = \int d_0(q,p)\,dp \qquad (4)$$

$$d_0(p) = \int d_0(q,p)\,dq \qquad (5)$$

重要的是要认识到：这个决定关系不能逆转过来，也就是说，组合分布 $d_0(q,p)$ 不单单取决于个别的分布。仅当我们已知 q 和 p 是相互独立的实体时，才能写成

$$d_0(q,p) = d_0(q) \cdot d_0(p) \qquad (6)$$

但在应用(6)式所表示的特殊乘法定理时，必须预先假定我们关于 q 和 p 的相互独立性已有一定的物理知识。如果没有这个补充知识，就必须直接给定函数 $d_0(q,p)$；而一般说来，它不会有(6)的特殊形式。另一方面，如果既无这个补充知识又不能指出函数 $d_0(q,p)$，那么单靠分布 $d_0(q)$ 和 $d_0(p)$ 的知识是不足以确定后一时刻 t 的相应函数 $d_t(q)$ 和 $d_t(p)$ 的。

因此，就体系能用统计术语来陈述而言，函数 $d_0(q,p)$ 可以说是确定着体系的**几率状态**或其**物理情态**；因为如果 $d_0(q,p)$ 已知，则所有其他的分布都可决定。例如对分布 $d_0(q)$ 和 $d_0(p)$，这一决定关系表现在(4)和(5)中；3—5 中包括的其他分布的决定方式是根据如下的观念。由 $d_0(q,p)$ 我们可以知道数值 q 和 p 的一切组合的几率。现在，因果律(3)使得每个这样的组合对应有一个 u 值；因此几率分布 $d_0(u)$ 是确定的。同样，因果律(1)和(2)使得 q 和 p 的每一数值组合与后一时刻的 q 值或 p 值对应；因此这些数值的几率分布也是确定的。

现在我们来说明完成这些推导的方法。因为 q 和 p 代表集合

$q_1 \cdots q_n$ 和 $p_1 \cdots p_n$，所以函数 $d_0(q, p)$ 代表[①]

$$d(q_1{}^0 \cdots q_n{}^0, p_1{}^0 \cdots p_n{}^0) \tag{7}$$

为了简化符号，我们将把足标 t 略去，并以符号 $q_1 \cdots q_n, p_1 \cdots p_n$ 来代表这些变量在时刻 t 的值。此外，表示函数的一般符号 f 可以个别指明；这样，(1)式和(2)式就可写为：

$$q_1 = q_1(q_1{}^0 \cdots q_n{}^0, p_1{}^0 \cdots p_n{}^0)$$
$$q_2 = q_2(q_1{}^0 \cdots q_n{}^0, p_1{}^0 \cdots p_n{}^0) \tag{8}$$
$$\cdots\cdots\cdots\cdots\cdots\cdots\cdots\cdots\cdots\cdots$$
$$p_n = p_n(q_1{}^0 \cdots q_n{}^0, p_1{}^0 \cdots p_n{}^0)$$

从(8)中解出变量 $q_1{}^0 \cdots p_n{}^0$ 代入(7)，便可在(7)式中引入变量 $q_1 \cdots p_n$。因为几率分布需要对其变量取积分，所以这里要用到引入新积分变量的法则，即需乘以函数行列式

$$\Delta = \begin{vmatrix} \dfrac{\partial q_1{}^0}{\partial q_1} & \cdots\cdots & \dfrac{\partial p_n{}^0}{\partial q_1} \\ \cdots\cdots\cdots\cdots\cdots \\ \cdots\cdots\cdots\cdots\cdots \\ \dfrac{\partial q_1{}^0}{\partial q_n} & \cdots\cdots & \dfrac{\partial p_n{}^0}{\partial q_n} \end{vmatrix} \tag{9}$$

因此我们有

$$d_t(q, p) = d(q_1 \cdots q_n, p_1 \cdots p_n) = d(q_1{}^0 \cdots q_n{}^0, p_1{}^0 \cdots p_n{}^0) \cdot |\Delta| \tag{10}$$

---

① 在我们这里所用的写法中，符号 $q_i{}^0, p_i{}^0$ 所表示的不是常数，而是变量，q 和 p 在时刻 t_0 的值被认为构成一变量集合，它不同于 q 和 p 在后一时刻的值所构成的变量集合。这种写法就我们的目的来说是比较好的。

对正则参量 q 和 p 说来,诸如对位置和动量,哈密顿方程导致 $\Delta=1$ 的结果;这是刘维定理。

确定 $d_t(u)$ 的方法与此类似。如果略去足标 t,(3)式可写为:

$$u = f(q_1 \cdots q_n, p_1 \cdots p_n) \qquad (11)$$

现在我们可从函数 $d_t(q_1 \cdots q_n, p_1 \cdots p_n)$ 出发,把其中一个变量——譬如说 q_1——用变量 u 来代替;为此目的就要从(11)式解出 q_1,并用得到的表式代替 q_1 的地位。这样得到的函数可以写成 $d'(u, q_2 \cdots q_n, p_1 \cdots p_n)$。它还不是几率分布;为了使它成为几率分布,必须用函数行列式乘它,这时的函数行列式可简化为数值 $\dfrac{\partial q_1}{\partial u}$。因此我们得到几率分布为:

$$d(u, q_2 \cdots q_n, p_1 \cdots p_n) = d'(u, q_2 \cdots q_n, p_1 \cdots p_n) \cdot \left| \frac{\partial q_1}{\partial u} \right| \quad (12)$$

现在再引入足标 t,把 $d(u)$ 写成 $d_t(u)$,于是将上式积分 $(n-1)$ 次便可得到函数 $d_t(u)$:

$$d_t(u) = \int \cdots n - 1 \cdots \int d(u, q_2 \cdots q_n, p_1 \cdots p_n) dq_2 \cdots dq_n dp_1 \cdots dp_n$$

$$(13)$$

为了用符号表示上述结果,我们将用符号 f_{op} 表示算符,而不逐一指明算符的个别形式,它们在下面方程中的形式各有不同。这样我们便能写出:

$$d_t(q, p) = f_{op}{}^{(t)}[d_0(q, p)] \qquad (14)$$

$$d_t(q) = f_{op}[d_t(q, p)] = f_{op}{}^{(t)}[d_0(q, p)] \qquad (15)$$

$$d_t(p) = f_{op}[d_t(q, p)] = f_{op}{}^{(t)}[d_0(q, p)] \qquad (16)$$

$$d_t(u) = f_{op}[d_t(q, p)] = f_{op}{}^{(t)}[d_0(q, p)] \qquad (17)$$

算符 f_{op} 的意义由上述的推导程序确定,这些程序包括因果律
(1)—(3)的应用。

我们看到,(15)—(17)中第一项与最后一项之间的关系是因
果律(1)—(3)的直接推广,但(14)式在严格因果情况中没有相当
的式子。这些推广与因果情况的唯一区别在于,数值 q,p 和 u 被
改为函数 $d(p)$,$d(q)$ 和 $d(u)$ 或 $d(q, p)$,函数 f 则被改为算符
f_{op}。这意味着在统计情况中,统计函数之间的关系代替了经典情
况中变量之间的关系。

现在让我们来考虑量子力学。在量子力学中,类似于几率分
布 $d_0(q, p)$ 的东西是复函数 $\psi_0(q)$,这个写法所表示的是 $\psi(q, t_0)$,
即 ψ 函数在时刻 t_0 的形式。和 $d_0(q, p)$ 一样,$\psi_0(q)$ 也能确定体系
的**几率状态**,因此能在量子力学中完全确定体系的**物理情态**。所 115
以**量子力学中的推导关系**可以概括如下表:

给定:

  1)时刻 t_0 的复函数 $\psi_0(q)$

  2)物理定律

可定:

  3)时刻 t_0 的几率分布 $d_0(q)$ 和 $d_0(p)$,以及其他一切有关
    实体的几率分布 $d_0(u)$

  4)时刻 t 的复函数 $\psi_t(q)$

  5)时刻 t 的几率分布 $d_t(q)$ 和 $d_t(p)$,以及其他一切有关实
    体的几率分布 $d_t(u)$

考虑到第 3 和第 5 点,2)中所揭到的物理定律要包括构造算
符和第一薛定谔方程的法则,此外,还要包括 §17 中确定几率分

布的规则 I—III;考虑到第 4 点,物理定律中要包括第二薛定谔方程。

如果采用(14)—(17)所用的算符写法,我们就可将量子力学中的推导关系写成如下形式:

$$\psi_t(q) = f_{op}{}^{(t)}[\psi_0(q)] \tag{18}$$

$$d_t(q) = f_{op}[\psi_t(q)] = f_{op}{}^{(t)}[\psi_0(q)] \tag{19}$$

$$d_t(p) = f_{op}[\psi_t(q)] = f_{op}{}^{(t)}[\psi_0(q)] \tag{20}$$

$$d_t(u) = f_{op}[\psi_t(q)] = f_{op}{}^{(t)}[\psi_0(q)] \tag{21}$$

这些关系表明它们与经典统计关系(14)—(17)相似。现在只是用 $\psi(q)$ 代替了函数 $d(q,p)$。与时间有关的薛定谔方程在建立(18)中所起的作用相当于因果律在建立(14)中所起的作用。

和经典统计情况一样,两个单独分布 $d_0(q)$ 和 $d_0(p)$ 不足以确定几率状态,因为这些分布不能确定函数 $\psi_0(q)$(参看§20)。因此,就函数 $\psi_0(q)$ 比两个单独分布所说明的东西更多这点来说,它类似于函数 $d_0(q,p)$。但是,我们要注意这里有一个显著差别。复函数 $\psi_0(q)$ 取决于一对个别的几率分布函数,例如取决于一对相邻的函数 $d_0(q)$ 和 $d_1(q)$(参看§20)。因此,复函数 $\psi_0(q)$ 所代表的是单变量的一对几率分布,而函数 $d_0(q,p)$ 则一般比这对分布所包含的内容要多。除了(6)式那样的特殊情况以外,要用两个单变量的函数来确定一个含有两个变量的函数是不可能的。当我们用集合 $q_1 \cdots q_n$ 和 $p_1 \cdots p_n$ 代替 q 和 p 时也有同样的情况;函数 $d_0(q_1 \cdots q_n; p_1 \cdots p_n)$ 有 $2n$ 个变量,它一般比一对各有 n 个变量的函数包含的内容多。我们看到,我们称之为量子力学情态或纯粹系综的几率状态有着特殊的性质;如果经典问题中参量的数目是

$2n$，则量子力学问题中的几率状态可用两个各有 n 个变量的几率分布来描述。这就是量子力学情态由复函数 ψ 表征所表明的基本事实。仅仅对混合系综，即当系综不能用单个 ψ 函数来描述时，我们才需要一个可以和 $d_0(q_1\cdots q_n, p_1\cdots p_n)$ 相比的含有 $2n$ 个宗量的函数。

所以，量子力学的物理情态乃是特殊类型的统计情况，它可以与经典的相互独立类型的统计情况（6）相比，在此情况下，函数 $d_0(q, p)$ 能分解成两个两数 $d_0(q)$ 和 $d_0(p)$ 之乘积。但这仅仅是类比。量子力学情态并不能想象为参量 q 和 p 在其中相互独立的情态，因为如我们在 §20 所看到的，$d_0(q)$ 和 $d_0(p)$ 并不确定着 $\psi_0(q)$。这个陈述甚至要看成是超出量子力学范围之外的。对量子力学情态而言，我们无法导出任何关于分布 $d_0(q, p)$ 的陈述；因此我们也不能导出关于这个分布的特殊乘法形式的陈述。量子力学不需要函数 $d(q, p)$ 的原因在于如下一个事实：在位形空间中，量子力学的变换不是点变换，而是整体变换（参看 §12）。从函数 $\psi(q)$ 到函数 $\sigma(p)$ 的变换就是这种整体变换，它在 q 值和 p 值之间并未确定任何的对等关系。因此量子力学不包括任何关于 q 和 p 的同时数值的陈述。

函数 $d(q, p)$ 之所以参与经典统计考虑，是由于如下的事实：经典统计方法用到了因果律，它们以数学函效的形式规定着组合 p, q 对等于这些实体在以后时刻的数值，或对等于实体 u 的值。如果这些因果律是确定这些数值所必要的，那就不能没有关于组合 p, q 的几率的知识。因此，量子力学没有采用函数 $d(q, p)$ 的事实证明了，量子力学方法不包括任何关于因果律的假定。

这点可以理解如下。如§1中所述,像(1)或(2)那样的因果律必须定义为形如(14)或(15)的几率关系在两个分布 $d(q)$ 和 $d(p)$ 或分布 $d(q,p)$ 趋于集中分布时所得到的极限情况。这时几率分布退化为集中分布的中心值,算符 f_{op} 退化为函数 f。现在,不确定关系表明,要找到分布 $d(q)$ 和 $d(p)$ 同时为集中分布的物理情态是不可能的。因此要证实形如(1)—(3)的因果律也是不可能的;更确切地说,要在任意的近似程度上证实这些定律是不可能的。不确定关系给这一近似划定了一个界限。这就是量子力学不用因果律的原因。

要不要为此而主张不容许说到因果律呢?这种态度意味着引入了不必要的限制。我们也可以采取相反的态度,容许以**定义**的形式建立因果律,如果不可能把它们作为**可证实的陈述**引进来的话。这种自由主义所要求的条件是:**任何一个**定律只要它能确定可观测分布之间的关系,这些分布对应于量子力学的数学结果,它就是容许的。因此,确定着实体 u 作为 q 和 p 之函数的,不仅仅是一个定律,而是有**一类等价的定律**。这样,我们就可以用等价描述类的理论(§5)来填补可观测分布之间的空白。

为此我们就要研究有这种逻辑自由主义所允许的插入法对量子力学方法中已确立的结果进行追加的各种形式。这样,因果律的问题即变为是否存在一种包含有因果律的追加形式。答案有赖于我们对"因果律"这个术语的理解。通常,这个术语包括两个明确的条件。第一是要求原因必然确定着结果;第二是要求结果在空间中连续传播,遵从近作用原则。后一条件常用**因果锁链**的术语来表示。这里可以预先提一下我们的结果:答案将是否定的;我们将看到,用因果锁链不可能完全解释量子力学关系。然后我们又企图把因果概念加以推广,仅仅保留第二个条件,同时用因果之间保持几率关系的条件来代替第一个条件。我们将把这种关系称为**几率锁链**;其精确定义将在以后给出。但我们得到的结果是:在量子力学观测材料之间通过定义的方式插入这种几率锁链也是不可能的。这个否定结果是关于整个一类等价描述的结果,因此它排斥把任何意义上的因果性引到量子力学对象的世界中来,这就导致§8中所表述的**异常原理**。

§25. 微粒解释

如果在一解释,已测得的 q 值同时对应有一个 p 值,反之亦然,则此解释便可称为微粒解释。对应关系可以有各种各样的建立方式。我们将扼要介绍一种方式,其特点在于比较简单,并且可以看成是微粒解释的原型。

显然,观测之外实体的数值只能通过**定义**引入。因此我们不能要求证明我们关于观测之外实体的陈述是**真的**,我们所能要求的是,这些定义要是**可以接受的**。如果一种解释包括几个可以接受的彼此有关联的定义,我们就把它称为**可以接受的**解释。根据我们在§22所作的解说不难证明,一个可以接受的解释是能用简易的办法提出的。

在这种解释中,第一个定义包含这样一个观念:被测量的实体不受测量的干扰,按照这个观念,只有和它不可对易的实体才受到干扰。我们用定义把这个观念表述如下:

定义 1. 如果实体 u 在一次 u 的测量中已观测到数值为 u_i，则此数值 u_i 是指 u 在测量瞬前和瞬后之值。

如果 u 是与时间无关的实体，这个数值 u_i 当然也就是在测量很久以前和以后的 u 值。只有外界的干预，例如测量与 u 不可对易的实体 v，才会破坏数值 u_i。

利用 §22 中的专门术语，我们可以把定义 1 用几率关系表示如下：

$$P(s, u_i) = P(s. m_u, u_i) \tag{1}$$

这个关系表明，数值 u_i 甚至在测量 m_u 之前便已存在。至于 u_i 在测量之后也存在，那是无需特别表明的，因为我们的写法规定各项先后的顺序与时间的顺序一致，已经表明这点了。

如果 u 的测量已经完成，上述关于测量 v 的约定就可表为：

$$P(m_u. u_i, v_k) = P(m_u. u_i. m_v, v_k) \tag{2}$$

在形式上说，关系式(1)和(2)可用如下的规定来表示：几率表式中前面一个位置上的 m_v 一项可以略去，如果紧跟着它的下一位置上是一项 v_k。

现在我们就来证明，上一定义导致不可对易的实体同时有确定值。设想我们首先测量 u，得到 u_i，然后测量其正则共轭实体 v，得到 v_k。假定两个实体都与时间无关。按照我们的约定，数值 u_i 在测量 u 之后仍然存在，数值 v_k 在测量 v 之前便存在，所以我们知道 u_i 和 v_k 两个数值在同一时刻存在，即在测量 m_u 与 m_v 之间的时刻存在。这个知识可用符号写成：

$$u_i \quad m_u \quad u_i \quad v_k \quad m_v \quad v_k \tag{3}$$

在此序列中，时间进行的方向是从左到右。我们看到，我们的定义使得同时存在的正则共轭数值组合 u_i 和 v_k 这一说法有意义,因为 u_i 和 v_k 在 m_u 到 m_v 的整个时间中都是存在的。

如果想把这种确定实体数值的方法推广到与时间有关的实体上,那就要紧接着进行 m_u 和 m_v 两次测量;这样我们就知道在这两次测量之间同时有数值 u_i 和 v_k。如果只是 v 与时间有关,而 u 与时间无关,这两次测量在时间上就不必彼此紧接;但是,这时的结果只确定在测量 m_v 瞬前同时存在的数值组合。例如当 u 是指不受外力作用的自由粒子的速度,而 v 是它的位置时,就出现这种情形。

由定义 1 所获得的关于同时数值的知识,是有相当局限性的知识,因为我们关于组合 u_i, v_k 的知识仅仅是在这些数值之一已被破坏之后获得的。当测量 m_v 一旦完成以后,数值 u_i 便不再存在;我们要再作一次 u 的测量,才能知道当时的 u 值。但是由于 u 的这一测量,数值 v_k 就会被破坏,如此类推。这个结果有一重要的结论。我们曾在 §21 陈述过这样一个原理:重复测量所给出的数值与测量前的数值相同。这个原理不适用于同时数值的组合。我们无法再次得到同样的数值组合 u_i 和 v_k;只能在偶然的情况下再次得到同样的组合。因此,我们不能利用上述关于同时数值的知识预言未来测量的结果;未来还是不确定的,因为我们所获得的知识对获得这一知识当时的事态已不再有效。这里还可以补充一点:我们也不能利用这种知识推知过去,因为观测得到的组合 u_i 和 v_k 不能告诉我们 v 在测量 m_u 之前的数值是什么。[①]

---

① 当然,我们根据早先的观测记录可以知道这一数值,因而在后一时刻也知道,可是未来测量的结果不能直至早的时刻知道。这说明时间方向的存在。但记录的利用牵涉到某些不能对封闭体系进行的操作。就封闭系统来说,量子力学对时间方向似乎是不加区别的。这可从 §22 的 (14) 式看出。

定义 1 仅仅在两次测量之间确定着观测之外实体的数值。为了知道这些数值在其他情态中的情况，我们要引入第二个定义。对我们来说只要在一般情况下定义观测之外实体数值的几率就够了，而不必去定义这些数值。这里我们将使用特殊的乘法规则，仿照 §24 经典统计情况中的(6)式那样来建立我们的解释。为此我们引入如下的定义：

定义 2. 组合 $v_k w_m$ 相对于物理情态 s 的几率等于 v_k 和 w_m 分别相对于 s 的几率之乘积。 用符号表示就是：

$$P(s, v_k . w_m) = P(s, v_k) \cdot P(s, w_m) \tag{4}$$

把这个式子与(1)式结合起来，便有：

$$P(s, v_k . w_m) = P(s . m_v, v_k) \cdot P(s . m_w, w_m) \tag{5}$$

我们假定定义 2 在 ψ 等于 u 的本征函数时也成立，即当 ψ 表征一个从 u 的测量得到的情态时也成立。因此我们有：

$$P(m_u . u_i, v_k . w_m) = P(m_u . u_i, v_k) \cdot P(m_u . u_i, w_m) \tag{6}$$

$$= P(m_u . u_i . m_v, v_k) \cdot P(m_u . u_i . m_w, w_m) \tag{7}$$

定义 2 表明数值 v_k 与 w_m 是相互独立的。这个观念也可以不用特殊的乘法规则(4)来表示，而用如下的陈述表示：w_m 相对于 v_k 的几率等于 w_m 的"绝对几率"。这意味着(4)和(6)可以分别用下列二式来代替：[1]

$$P(s . v_k, w_m) = P(s, w_m) \tag{8}$$

$$P(m_u . u_i . v_k, w_m) = P(m_u . u_i, w_m) \tag{9}$$

---

[1] 仅当 $P(s, v_k) \neq 0$ 时才能从(4)式推出(8)，反之，在这情形下也可以从(8)式推出(4)。因此我们可以把(8)和(9)当作相互独立性的定义，从而用它们来代替定义 2，只要把 $P(s, v_k) = 0$ 的情形包括在内。

现在我们首先对左端、然后对右端应用(1)和(2),得到:

$$P(s.v_k,w_m) = P(s.v_k.m_w,w_m) = P(s.m_w,w_m) \quad (10)$$

$$P(m_u.u_i.v_k,w_m) = P(m_u.u_i.v_k.m_w,w_m) = P(m_u.u_i.m_w,w_m)$$
$$(11)$$

在(8)式的左端代入(1)时,我们是把 v_k 看成属于情态 s 的,因此把 m_v 一项置于 v_k 之右。在对(9)式右端应用(2)时也有同样情形。我们也可考虑如下形式的表式:

$$P(s.m_w.v_k,w_m) \quad (12)$$

它不能借助(1)从 $P(s.v_k,w_m)$ 推得。但我们用下面的方法可以确定(12)之值,其中除了利用(1)之外,还利用了一般的几率乘法则以及相应于 §22 中(4)和(22)的消去法则: $\quad$¹²¹

$$P(s.m_w.v_k,w_m) = \frac{P(s.m_w.v_k.w_m)}{P(s.m_w,v_k)} =$$

$$= \frac{P(s.m_w,w_m) \cdot P(s.m_w.w_m,v_k)}{P(s.m_w.m_v,v_k)} =$$

$$= \frac{P(s.m_w,w_m) \cdot P(m_w.w_m.m_v,v_k)}{\sum_i P(s.m_w,w_i) \cdot P(m_w.w_i.m_v,v_k)} \quad (13)$$

(8)和(9)也能用如下的规定来表示:在几率表式中前一位上出现的 v_k 这样一项,如果在它前面的一项既不是 m_v 也不是 m_w,并且下一位跟的是 w_m,它就可以略去。这个说法不适用于(12)那样的几率表式。

下面的演算表明定义 2 是可以接受的,它证明消去法则是永真的同语反复:

$$P(s,w_m) = P(s,[v_1 \lor v_2 \lor \cdots].w_m)$$

$$= \sum_k P(s, v_k. w_m)$$

$$= \sum_k P(s, v_k) \cdot P(s. v_k, w_m)$$

$$= P(s, w_m) \cdot \sum_k P(s, v_k) = P(s, w_m) \quad (14)$$

最后一步用到了(8)和关系式 $\sum_k P(s, v_k) = 1$。对形如(13)的表式也能作同样的证明。

此外我们还能证明,规则(9)和我们以前关于相对几率的规则不矛盾。(9)式是说,数值 w_m 与**观测之外的**数值 v_k 无关。以前引入的相对几率[例如§22的(15)或(22)]是说,w_m 与**已测得的**数值 v_k 有关。

定义1和2构成一种详尽解释,这就是说,在这种解释中可以作出关于观测之外实体的陈述,包括关于同时数值的陈述。用命题意义的一般理论中所提出的术语来说[1],那就是:在这种解释中,关于不可对易实体同时数值的陈述对于两次测量之间的情态而言具有**真意义**,对于一般情态而言则具有**几率性意义**。两者之间的这一区分表示如下的事实:在后一情况中,我们仅仅确定了实体数值的几率(定义2),而在前一情况中,我们确定的是数值本身(定义1)。

§26. 锁链结构之不可能

在我们把微粒解释作为一种可以接受的解释建立起来以后,

---

[1] 参看作者的 *Experience and prediction* (Chicago, 1938), §7。

现在可以提出这个解释的结论是什么的问题了。特别是,可以提出我们所关心的因果性问题了。我们曾看到,经典统计概念中是有因果律的,它们把状态 q, p 与未来的状态以及其他实体 u 联系起来。我们的微粒解释引入了类似的规律吗?

简单的分析表明事情不是这样的。让我们假定有一数值序列相应于 §25 的(3),其形式是

$$q_i \quad m_q \quad q_i \quad p_k \quad m_p \quad p_k \tag{1}$$

再令 u 是一个既不与 q 也不与 p 对易的实体。因此我们在 m_q 和 m_p 两次测量之间测量 u 时不能不对情态有干扰。我们只能引入几率

$$P(m_q . q_i . p_k, u_m)$$

按照 §25 的(9),这几率等于

$$P(m_q . q_i . p_k, u_m) = P(m_q . q_i, u_m) = P(m_q . q_i . m_u, u_m) \tag{2}$$

这意味着 u 不依赖于和 q_i。同时存在的 p 值,另一方面,u 与 q 的依赖关系具有这样的结构:对应于一个 q 值,有一个由 u 的可能值组成的值谱。因此我们不能引入因果函数

$$u = f(q, p) \tag{3}$$

使得量子力学的统计关系化为经典统计关系。

经典统计关系的结构持点是具有**因果锁链**,它们以 $d(q)$ 和 $d(p)$ 为一方,以 $d(u)$ 为另一方,确立着两者之间的关系。因此上述的考虑表明,这种因果锁链不能在定义 1 和定义 2 所提供的解释中构成。如果按照 §24 末尾所指示的方向把我们的研究加以推广,那我们可以提这样的问题:在这些定义所提供的解释中,至少能构成**几率锁链**吗?首先我们必须精确地确定这个术语的意义。

为此目的让我们考虑一种结构,其中,**相对几率函数**

$$d(q, p; u) \tag{4}$$

代替了因果函数(3)的作用,它以分布 $d(q)$ 和 $d(p)$ 为一方,以 $d(u)$ 为另一方,确立着两者之间的联系。相对几率函数对应于相对几率;它们的积分只对分点后面的变量进行,积分确定着这个变量相对于分点前面变量的数值的几率。这些函数是因果律之向几率律的推广。[①] 我们将说,这样引入的解释是由**几率锁链**确定的,如果函数(4)同函数 $d(q)$ 和 $d(p)$ 无关。因此,**锁链结构**这个术语所表征的是这样一种结构:如果给定 q 和 p 的值,u 值的几率就被确定了。这个特点可以解释成如下的意思:以 $d(q)$ 和 $d(p)$ 为一方,以 $d(u)$ 为另一方,二者之间**经由** q 和 p 的值联系起来。

我们的结果表明,哪怕是上述意义的几率锁链也不可能构成。由于有(2)式,函数(4)退化成一个仅含 q 的函数:

$$d(q; u) \tag{5}$$

同时,在这种情况下,p 值对 u 没有任何影响。但在 p 的测量完成以后,情况就不同了;这时几率函数为

$$d(p; u) \tag{6}$$

它说明 u 与 q 无关。这意味着在给定的解释中,u 值的几率有时仅依赖于 q,有时仅依赖于 p。因此,在前一种情况下,我们所假定存在的 p 值虽然未被测量,却对 u 没有影响;而在后一种情况下,q 值对 u 没有影响。可是就几率分布 $d(q)$ 和 $d(p)$ 而言,这两种情况是不同的,因为在前一种情况下,$d(q)$ 是集中分布,$d(p)$ 不是;

---

① 参看作者的 *Wahrscheinlichkeitslehre* (Leiden, 1935), §44。

而在后一种情况下恰恰相反。这就说明 u 与 q 或 p 的依赖关系随着分布 $d(q)$ 和 $d(p)$ 的不同而不同；所以不可能有一个同 $p(q)$ 和 $d(p)$ 无关的函数(4)。因此，鉴于上述要求，这种关系不能解释为一种锁链结构。

如果我们从一般的情态 s 出发，这个结果就会变得更为清楚。这时我们按照定义 2 有：

$$d(q, p; u) = d_s(u) \tag{7}$$

式中 $d_s(u)$ 是 u 相对于情态 s 的分布。上式意味着 u 值的几率不依赖于 q 和 p 值的特定组合，也不依赖于这些数值中的任何一个。它只直接依赖于 s，并因此而依赖于 $d(q)$ 和 $d(p)$。后两个分布虽然在很大程度上能确定情态 s，但不能完全确定 s(参看§20)。可是这个事实对我们的结果并无影响；它只是证明，除了 $d(q)$ 和 $d(p)$ 以外还有其他确定 s 的因素。因此我们不可能有上述意义的锁链结构。

这就发生一个问题：这一否定结果是否仅限于定义 1 和定义 2 所提供的解释？我们将证明事情并非如此，利用其他关于观测之外的实体数值的定义也不能引入锁链结构。为了证明这点，我们将逐步选择越来越普遍的定义形式进行讨论。

先从下面的一组定义开始。我们保持定义 1 不变，但仅对 q 和 p 保留定义 2，至于其他实体 u，则认为它即使在未被观测时也与 p 和 q 有关。我们的问题是，u 同 p 和 q 的这一依赖关系能否保证有一个函数(4)存在。如上所述，如果这个解释要表示一种锁链结构，我们就必须要求这个函数(4)对一切可能的物理情态 s 都保持相同。可是我们能证明，要定义一个具有这种性质的函数(4)

是不可能的。这点可通过下面的考虑来证明。

令 $d_0(p)$ 是一个与 q 的很精确的测量相容的分布；因此 $d_0(p)$ 描出的是一平滑曲线。现在把 q 轴分割成许多微小的间隔 Δq_i，它们相应于当 p 的分布为 $d_0(p)$ 时测量 q 所能达到的最大精确度。令 q_i 是间隔 Δq_i 的平均值。再令 $d_i(q)$ 是一个实际上完全处在间隔 Δq_i 之内的分布；在此分布下，实际上可以肯定地说 q 的值是 q_i。把 $d_0(p)$ 和 $di(q)$ 两个分布统一起来的 ψ 函数可以写成 $\psi_i(q)$。我们的定义容许 $d_i(q)$ 在间隔 Δq_i 的范围内自由选择（除非为了§20中所说明的理由），所以满足这个条件的不是有一个而是有一类函数 $\psi_i(q)$。让我们假定已经有了一种规则，可以对每个 q_i 从这类函数中确定一个 ψ 函数；这个函数可以写成 $\psi(q_i, q)$。因此函数 $d_i(q) = \psi(q_i, q) |^2$ 近似地等于狄拉克函数。对任一间隔 Δq_i，函数 $\psi(q_i, q)$ 所表征的一类情态可称为类 A。

如果对类 A 中的一个情态测量实体 u，而 u 与 q 不可对易，则测得 u 值的几率取决于下列展式的系数 σ：

$$\psi(q_i, q) = \int \sigma(q_i, u) \varphi(u, q) du \qquad (8)$$

因为 $\psi(q_i, q)$ 表示 q 的测量结果是 q_i，所以上述几率可以写成如下形式：

$$P(m_q. q_i. m_u, u) = | \sigma(q_i, u) |^2 \qquad (9)$$

应用§25中写成形式（1）的定义1，我们即可取消左端的 m_u 一项，因此得到：

$$P(m_q. q_i, u) = | \sigma(q_i, u) |^2 \qquad (10)$$

125 用 d 符号可以把左端写成 $d_i(q_i, u)$ 的形式，因此对类 A 中的一切

体系有

$$d_i(q_i;u) = |\sigma(q_i,u)|^2 \tag{11}$$

现在让我们考虑一个类 B，其中的体系全部具有前面所用的分布 $d_0(p)$，而且其分布 $d(q)$ 中的任何一个都与 $d_0(p)$ 相容。这个类将包括类 A 中的体系，但此外还包括一些体系，它们具有很平滑的分布 $d(q)$。对类 B 中的每个体系说来，根据几率运算中的消去法则我们有如下关系：

$$d_B(q;u) = \int d_B(q;p) \cdot d(q,p;u)dp \tag{12}$$

式中在积分号下的第二项里没有写上足标 B，因为这个函数是 (4) 中所引入的，被假定对一切的情态都相同。现在我们把 §25 的定义 2 应用到 q 和 p 上，并利用类 B 的定义得到

$$d_B(q;p) = d_B(p) = d_0(p) \tag{13}$$

由此可以推知

$$d_B(q;u) = \int d_0(p) \cdot d(q,p;u)dp \tag{14}$$

这意味着分布 $d_B(q;u)$ 对类 B 中的一切体系都相同，因为 (14) 式右端对 B 中的一切体系都有相同的值。现在函数 $d_B(q;u)$ 可以确定如下。既然类 A 中的体系也属于类 B，所以对任一间隔 Δq_i 都有：

$$d_B(q_i;u) = d_i(q_i;u) = |\sigma(q_i,u)|^2 \tag{15}$$

这个关系对一切的 i 都成立，因此 q_i 的足标 i 可以略去，这就得到：

$$d_B(q;u) = |\sigma(q,u)|^2 \tag{16}$$

另一方面，$d_B(q;u)$ 的意义是

$$P(s_B.q,u)=d_B(q;u) \tag{17}$$

式中 s_B 表示类 B 中的任一情态。于是利用（9）式即可从（16）和（17）导得下列关系：

$$P(s_B.q,u)=P(m_q.q.m_u,u) \tag{18}$$

把§25 的（1）应用到左端，把§22 的（22）应用到右端，此式便能写成：

$$P(s_B.q,u)=P(s_B.q.m_u,u)=P(s_B.m_q.q.m_u,u)$$
$$=P(s_B.m_q.q,u) \tag{19}$$

126 式中最后一步再次应用了§25 的（1）。仿照§22 中所作的考虑，我们能根据消去法则证明这个结果导致矛盾。当我们在形式上把消去法则应用到下列每个式子的左端时，便有：

$$P(s_B,u)=\int P(s_B,q) \cdot P(s_B.q,u)dq \tag{20a}$$

$$P(s_B.m_q,u)=\int P(s_B.m_q,q) \cdot P(s_B.m_q.q,u)dq \tag{20b}$$

由于§25 的（1），两个积分号下的第一项是相等的；（19）指出第二项也相等。因此我们推得：

$$P(s_B,u)=P(s_B.m_q,u) \tag{21a}$$

$$P(s_B.m_u,u)=P(s_B.m_q.m_u,u) \tag{21b}$$

后一式子的推得利用了§25 的（1）。后一式子与§22 的不等式（18）有矛盾，只要我们在这个不等式中把 $m_u.u_i$ 一项换为 s_B，把 w 一项换为 u，再把 v 一项换为 q 就能看出这点。更确切地说，对于一切能使§22 的不等式（18）成立的实体 u 来说，（21b）总是假。因此一定有些实体 u 使我们不可能对类 B 中的全部情态使用同一个函数 $d(q,p;u)$。

也许我们想放弃已经对 u 取消了的 §25 的定义 2，即对实体 q 和 p 也把它取消，企图以此来避免矛盾。在这情况下 q 和 p 不再是相互独立的了，因而存在一个函数 $d(q;p)$ 使得

$$d(q;p) \neq d(p) \tag{22}$$

因为现在 p 与 q 有关，所以锁链结构的要求也必须适用于函数 $d(q;p)$。这意味着对类 B 中的一切体系说来，函数 $d_B(q;p)$ 都相同。但这时(12)式仍旧导致 $d_B(q;u)$ 对类 B 中的一切情态都相同的结果；因此仍旧导致和前面相同的矛盾。

可能有人怀疑我们是否有权把锁链结构的要求推广到函数 $d(q;p)$ 上。尽管 p_i 在这情况下与 q_i 有关，但我们可以论证：这不能看成是一种因果依赖关系；也就是说，这种关系不应当解释为物理规律，而应当看成是由于确定几率情态的偶然情况所致，这些情况随事例的不同而不同。我们倒应当把 q_i 和 p_i 想象为物理事件的独立参量，就是说，它们可以任意选定；锁链结构意义上的因果依赖关系则应当假定仅仅对其他与 q_i 和 p_i 有关的实体 u 方才保持。如果采纳这个意见，我们就可以论证如下。要是几率情态随事例的不同而不同的话，那么各种情态都应当出现；这在数学上就意味着 $d(q),d(q),d(q;p)$ 三个几率都是能任意假定的基本几率。[127] 因此我们可以作如下的假定：

假定 Γ：在类 B 的体系当中存在一个子类 B'，其中的体系具有相同的分布 $d_0(q;p)$，并且对 B 中的每个 ψ 函数说来，总存在一系列体系具有这个 ψ 函数，同时属于 B'，就是总存在一系列体系同时具有分布 $d_0(p)$ 和 $d_0(q;p)$。

这意味着分布 $d_0(q;p)$ 可以对应有一个具有分布 $d(q)$ 和

$d_0(p)$的情态,因而一定存在具有这三个分布的体系。诚然,我们无法用观测方法确定这些体系,亦即无法确定类B'中的体系。因此假定Γ具有约定的性质。但是,如果这个约定不能实行,如果**定义**这些体系的可能性遭到排斥,那将意味着几率$d(q;p)$与分布$d(q)$有关,因为分布$d_0(p)$对B中的一切体系都相同。换言之,那将意味着当q值给定时,p值的相对几率依赖于q值的分布。因此,位于q点的粒子具有动量p的几率将依赖于其他粒子所在的位置。这不仅会与我们的假定有矛盾(按照我们的假定,q和p是相互独立的参量),而且会在p与q之间引入一种和我们关于锁链结构的要求有矛盾的依赖关系。现在我们利用假定Γ,对类B'把(12)式写成:

$$d_{B'}(q;u) = \int d_{B'}(q;p) \cdot d(q,p;u)dp \qquad (23)$$

因为$d_{B'}(q;p)$现在对B'中的一切体系都相同,即都等于$d_0(q;p)$,所以$d_{B'}(q;u)$对B'中的一切体系也相同。从这个结果可以导出和前面相同的矛盾,因为,按照假定Γ,B'包括A中一个相应的子类A',这个子类中的体系具有态函数$\psi(q_i,q)$。

　　以上考虑是对连续变量q和p进行的,位置和动量一般都是用这种变量来表示。因为对连续变量不可能有明确的测量,所以更确切地说,我们的结果必须陈述如下:间隔Δq无论选得怎样小,总有可能找到一个实体u,使得由(21b)所产生的数字偏差足够大。我们不要根据我们的证明说,类A,A',B,B'当Δ越来越小时一定保持不变;事情显然不是这样。因此我们推不出关于$\Delta = 0$的情况的陈述,但是,这类陈述无论如何都是超出了量子力学断言能力所及的。如果采用分立的变量 q_i 和 p_k,这类陈述就可以提出了;但在这情况下,我们的证明可以用比较简单的方法完成。当 q 精确地测得为 q_i 时,我们就有函数 $d(q_i;p_k)$;因此在一般情态 s 中 p 与 q 无关的假定[即 $d_s(q_i;p_k)=d_s(p_k)$]便与锁链结构的定义有矛盾,因为这时 $d_s(q_i;p_k)$ 依赖于 $d(q)$ 和 $d(p)$,它随着 s 是否是代表测量 q 而有所不同。另一方面,如果令 $d_s(q_i;p_k)=d(q_i,p_k)$,那我们就可以利用(12),把足标 B 改为 s,从而导出和前面相同的矛盾。当 q 和 p 是连续变量时,逻辑情况就不同了,因为这时不存在明确的数值;对一切精确度为 Δ 的 q 测量说来都可以假定 $d(q_i,p_k)=d(p_k)$;只要 $d(p_k)$ 不超出海森堡关系所规定的界限,这个假定就不会导致矛盾。因此在这情况下需要特别来证明,证明对其他的实体 u 会产生上述矛盾。

现在我们要提出这样的问题:放弃§25的定义 1 能否避免我们的否定结果。为了回答这个问题,必须对观测之外的实体数值的定义进行某些一般的探讨。

假如我们的理论中不包括关于观测之外实体的定义,那就不难建立锁链结构了。这时我们会假定有一些未知的 q 值和 p 值,它们与未知的 u 值有联系,而联系的方式是保证有函数(4)存在;我们甚至可以假定这个函数退化成了§24 的因果函数(3)。此外,我们还可以在每次实验中给观测之外的实体以任意数值,使得§24 的(4)或(3)得到满足。这样选择的数值绝不能被证明是错误的,只要我们假定每次观测都以未知的方式干扰了数值。但这个解释不能被认为是对观测的一种容许的解释,因为观测之外的数值没有借助一般的规则与观测数值联系起来。因此我们要把下面一点看成是引入锁链结构时所必须满足的要求：存在着某些一般的规则，它们把观测之外的数值确定为观测数值的函数，并且这些规则对一切情态 s 都相同。后一限制也是必要的，因为不然的话，观测的干扰就会与已测实体的几率分布有关；这时干扰本身就表现为一个因果事件，它不符合我们关于锁链结构的定义。

我们知道，对情态 s 只能作一回观测，要么观测 q，要么观测 p，要么观测 u；下回观测将从前回观测所产生的新情态出发。因此我们所要求的一般规则必须具有如下特点：它们把任一实体的观测之外的数值仅确定为观测数值的函数。令 u_0 是实体的观测数值；于是我们可以引入两个函数 $f_b(u_0)$ 和 $f_a(u_0)$，它们确定着**测量前**和**测量后**的数值，即有

$$u_b = f_b(u_0) \qquad u_a = f_a(u_0) \tag{24}$$

129 可是这个假定导致如下的困难。如果情态 s 是表示 u 有确定值 u_0 的情态，例如是在测最 m_u 获得结果为 u_0 之后出现的情态，那么，当我们再去测量 u 时，测量后的数值就一定与测量前的数值相同。否则 u 的值就会在两次 u 测量之间有变化；这会是一种毫无原因的变化，与几率锁链结构的定义有矛盾，也与严格的因果原则有矛盾。因此，对这样的情态说来，f_a 和 f_b 两个函数一定相同。但是这样一来，这两个函数对其他一般情态也就不能不同。由于一般情态与上述场合的区别仅仅在于几率分布有所不同，所以认为 f_a 和 f_b 两个函数依赖于情态 s 的假定就会意味着测量的干扰不仅依赖于实体的数值，而且还依赖于这些数值出现的几率。这种情况正是我们前面所排斥的，因为它与锁链结构的要求有矛盾。

由此可见，对一切的情态说来必须有：

$$f_b = f_a \qquad (25)$$

但是,这时函数 f 所引入的推广就没有多大意义了,它不能改变我们前面的结果。这时我们不要把观测数值 u_0 当作测量前后的值,而把数值 $f(u_0)$ 当作测量前后的值;由此便可照样进行上述导致矛盾的考虑。

上述考虑是一般的证明,证明我们不可能用锁链结构来解释量子力学中的统计关系。它也证明了这些关系不能用因果锁链来解释,因为后者无非是几率锁链的特殊情况。利用这些结果就可证明我们曾在§8中提到的异常原理。

干涉实验的分析是本节所作解说的例证,这个实验曾在§7讨论过。我们曾看到,那里引入的几率 $P(A.B_1,C)$ 不可能与 B_2 处发生的事件无关。这是我们一般定理的特殊情况,一般的定理说,我们引入的函数(4)不可能是不变的;函数(4)总是依赖于全体分布 $d(q)$ 和 $d(p)$,即依赖于情态 s。

§27. 波动解释

波动和微粒解释的二象性是基于以函数 $\psi(q)$ 为一方,以适当选定的一对几率函数为另一方的二者之间的等价性。在微粒解释中,几率函数被看成是有直接物理意义的,而函数 ψ 只表现为一种数学缩写符号,用来表示这些几率函数。在波动解释中,认为有直接物理意义的是函数 $\psi(q)$。但它不是把这个函数解释为粒子的两个几率函数的结合,而是解释为一种遍布在整个空间的物理状态之描绘,即波场之描绘。在这种解释中,几率函数 $d(q)$ 是借助

130

联结词"或"来确定物理实在的,意思是:在位置 q_1 或 q_2 或其他等等位置上有一个粒子,另一方面,波函数 $\psi(q)$ 则是借助联结词"与"来确定物理实在的,它是说:在位置 q_1 与 q_2 与其他等等位置上有一个物理状态。函数 d 的数值是指几率;函数 ψ 的数值则是指波场的振幅。

这个概念是通过一个关于观测之外实体的定义引入的,它在如何确定测量**之前**的数值问题上不同于定义 1。这个定义如下。

定义 3. 对情态 s 测得的实体 u 的值是指 u 在测量之后的值;在测量之前,即在情态 s 中,实体 u 同时具有一切可能的值。

所谓"可能的值",意思是指我们对情态 s 能以某一大于零的几率对测量结果期望到的值。因此,如果 u 的本征值组成分立谱,则只有这些分立值是可能值;此外,如果 s 是由 u 的本征函数 $\varphi_i(q)$ 所表示的情态,则只有一个值是可能的,即数值 u_i。然而后一情况是特殊情况;一般来说,可能值组成一个值谱,它的全体都被看成是同时存在于情态 s 中的。

我们所以能下这个定义,其逻辑理由在于这样一个事实:关于观测之外实体的陈述是无法证实的;因此上述定义与一切观测都相容,确定可能值之一的任何规则都和真实的规则一样与观测相容。而且,上一定义导致通常意义上的波场概念,这也是有数学理由的,可从与时间有关的薛定谔方程的形式看出。这个理由就是: ψ 函数是**可加的**。这意味着如果有两个不同的可能的物理状态描述方式 ψ_1 和 ψ_2,则它们之和 $\psi_1 + \psi_2$ 也是一个可能的物理状态描述方式。振幅的这种可加性可解释为两个波场能叠加的意思。这个事实往往用如下的说法来表示:ψ 函数遵从**叠加原理**。

从微粒解释来看，ψ 的可加性意味着物理状态之间有着很复杂的因果依赖关系。由于函数 ψ_1 和 ψ_2 表示个别状态的几率情态，所以函数 $\psi_1 + \psi_2$ 表示这些状态叠加后所得状态的几率情态。但是，后一几率情态并不就是两个个别几率函数之和，而是由这些函数通过很复杂的方式构成的。我们可以用费茵堡确定 ψ 函数的规则把这些关系写成如下的式子：

$$\psi_1(q) = f_{op}\left[d_1(q), \frac{\partial}{\partial t}d_1(q)\right]$$

$$\psi_2(q) = f_{op}\left[d_2(q), \frac{\partial}{\partial t}d_2(q)\right]$$

$$\psi(q) = \psi_1(q) + \psi_2(q)$$

$$d(q) = f_{op}[\psi(q)] = f_{op}\left[d_1(q), \frac{\partial}{\partial t}d_1(q), d_2(q), \frac{\partial}{\partial t}d_2(q)\right]$$

$$\frac{\partial}{\partial t}d(q) = f_{op}[\psi(q)] = f_{op}\left[d_1(q), \frac{\partial}{\partial t}d_1(q), d_2(q), \frac{\partial}{\partial t}d_2(q)\right]$$

$$(1)$$

后两个式子表示，合成情态的 $d(q)$ 和 $\frac{\partial}{\partial t}d(q)$ 两个函数取决于个别情态的相应函数。所有其他实体的分布，例如分布 $d(p)$，都可以用类似方法来确定。这里用到的算符 f_{op} 表示 §20 中所说明的数学运算。这些关系可以代替几率的可加性。如我们在讨论干涉实验时所指出的，这意味着叠加之后产生的情态是通过因果相互作用构成的，这种作用可能具有违反近作用原则的性质。

波动解释的优点在于它满足近作用原则，因为合成振幅在某一地点的数值仅仅取决于各个别振幅在同一地点的数值。另一方面，波动解释的缺点在于这样一个事实：这个解释仅限于**中间现**

象；一旦谈到**现象**时，我们就要回到微粒解释，用几率函数来代替
$\psi(q)$。可观测实体总是表现出颗粒性；它们的空间描述是用"或"
而不是用"与"写成的。这个事实表现在定义 3 中，这个定义指出
实体 u 在测量**之后**仅有一个值，因此摒弃波动解释。这里我们看
到为什么波动解释不能在物理世界中重新建立起决定论。诚然，
ψ 函数所遵从的规律是薛定谔方程，它具有因果律的形式，只要把
ψ 函数看成是波场的表示；但是这样建立起来的决定论仅限于中
间现象，在现象领域里就被破坏了。[①] 现象世界遵从非决定论，这
表现在如下的事实中：观测的数字结果一般是无法精确预言的；这
些预言不能不是几率性的陈述。

如果把 ψ 解释为波，那也就要把 $|\psi|^2$ 解释为波；因此我们也
要把 $|\psi(q,t)|^2$ 看成是扩展于整个 q -空间的。在 $|\psi|^2$ 与 t 无关的
情况下，即对 §18 中(2)式所示的稳定体系而言，$|\psi|^2$ 所表示的是
一静态场。但也可能有这样的情况：$|\psi|^2$ 与时间有关，而且是以
振荡的方式与时间有关。§18 中(5)式所示的不稳定情况就是一
个例子。这时 $|\psi|^2$ 可确定为：

$$
\begin{aligned}
| \psi(q,t) |^2 &= \sum_k \sum_m \sigma_k \psi_k(q,t) \sigma_m{}^* \psi_m{}^*(q,t) \\
&= \sum_k \sum_{m \geq k} \{ \sigma_k \varphi_k \sigma_m{}^* \varphi_m{}^* e^{-\frac{2\pi i}{h}(H_k - H_m)t} + \\
&\quad + \sigma_k{}^* \varphi_k{}^* \sigma_m \varphi_m e^{-\frac{2\pi i}{h}(H_m - H_k)t} \}
\end{aligned}
\tag{2}
$$

式中略去了 φ 的宗量 q 未写。上式也可写成实函数的傅里叶展开
形式，展开系数是实数 a_v, a_{km}, b_{km}，它们仅与 q 有关：

---

① 也可参看 46 页。

$$| \psi(q,t) |^2 = a_o(q) + \sum_k \sum_{m>k} [a_{km}(q) \cos 2\pi v_{km}t] +$$
$$+ b_{km}(q) \sin 2\pi v_{km}t$$

$$a_{km} = \alpha_{km} + \alpha_{mk} \quad b_{km} = -\frac{1}{i}(\alpha_{km} - \alpha_{mk}) \quad v_{km} = \frac{H_k - H_m}{h}$$

$$\alpha_o = \sum_k \alpha_{kk} = \sum_k | \sigma_k |^2 \cdot | \varphi_k |^2 \quad \alpha_{km} = \sigma_k \varphi_k \sigma_m {}^* \varphi_m {}^* \quad (3)$$

式中出现双重求和是无关紧要的;我们很容易根据一种计数由整数构成的二维点阵的方法,把它改成对一个足标计数。现在我们把解释的二象性贯彻如下。在把$| \psi(q,t) |^2$解释为几率函数$d(q,$
$t)$时,我们就是几率$d(q,t)$在振荡,它们是频率为$\nu_{km} = \frac{H_k - H_m}{h}$
的基本振荡叠加而成的振荡。在波动解释中,我们就说这些频率叠加而成波;这相当于玻尔对其原子模型的解释,在玻尔原子中,ν_{km}是电子从一个能级H_k跃迁到另一能级H_m时所发射电磁波的频率。我们看到,在这情况下不仅函数ψ给出的是波,而且函数$|\psi|^2$给出的也是波。

时常有人把波动微粒解释的二象性说成是相当于态函数的变换(参看§19)。他们认为态函数$\psi(q)$的使用是波动解释,而态函数$\sigma(p)$或$\sigma(H)$的使用则被想象为微粒解释。这种看法当后一态函数是分立函数σ_k时甚至更富于联想性,因为分立性似乎是微粒的象征。

但是,这种看法所依据的是对解释问题的错误理解。态函数的二重性或多重性与波动微粒解释的二象性毫无关系。每个态函数,不管是函数$\psi(q)$还是函数σ_k,都能有两种解释。如果我们把$\psi(q)$看成波,并且相应地把$|\psi(q)|^2$看成静态场或者也看成波,那

就是把这些函数设想为扩展于整个 q—空间的；相反，在微粒解释中，我们把 $\psi(q)$ 设想为几率振幅，把 $|\psi(q)|^2$ 设想为在 q 点发现粒子的几率。态函数 σ_k 也有两种解释。让我们假定 σ_k 是用能量 H 的本征函数来展开的展开系数。这时微粒解释是采取如下的观念：仅存在一个能态 H_k，虽然我们不知道这个值 H_k 是多少；每个这样的态出现的几率等于 $|\sigma_k|^2$。波动解释则是采取如下的假定：一切状态 H_k 是同时存在的，乘积 $|\sigma_k|^2 \cdot H_k$ 决定着每个状态 H_k 对总能量 H 贡献的相对数量。因此和项

$$H = \sum_k |\sigma_k|^2 H_k \qquad (4)$$

便是能量**总值**，但在微粒解释中，它是能量**平均值**。

这两种态函数的应用场合是有联系的：如果对 ψ 用波动解释，我们也就要对 σ_k 用波动解释；另一方面，如果对 ψ 决定用微粒解释，那也就要对 σ_k 用微粒解释。这种联系是必然的，因为如果 ψ 是一个扩展于整个 q—空间的实在场，它的分量 φ_k 也就和 ψ 一样是实在的，并且二者是同时存在的。

因此，波动解释和微粒解释的取舍与态函数的选择无关。诚然，每个态函数都能完全描述物理情态；但是**每个态函数都能有两种解释**。

现在让我们来看看为什么同样也可以把 n 个粒子群看作波场。所谓粒子"群"是指有 n 个粒子彼此相距足够的远，以致它们之间的相互作用可以略去不计。在这情况下，能量算符 H_{op} 可分解为一系列算符之和：

$$H_{op} = H_{op}^{(1)} + H_{op}^{(2)} + \cdots \qquad (5)$$

其中每个算符 $H_{op}{}^{(m)}$ 只与第 m 个粒子有关,即仅含这个粒子的三个坐标。令 $\varphi_{km}{}^{(m)}$ 是算符 $H_{op}{}^{(m)}$ 的本征函数;于是它们满足第一薛定谔方程:

$$H_{op}{}^{(m)}\varphi_{km}{}^{(m)} = H_{km} \cdot \varphi_{km}{}^{(m)} \tag{6}$$

因此整个体系的薛定谔方程

134

$$H_{op}\varphi_k = H_k \cdot \varphi_k \tag{7}$$

具有如下形式的解:

$$\varphi_k = \varphi_{k1k2\cdots kn} = \varphi_{k1} \cdot \varphi_{k2}\cdots\varphi_{kn} \qquad H_k = H_{k1} + H_{k2} + \cdots + H_{kn} \tag{8}$$

这意味着整个粒子群的本征函数 $\varphi_{k1\cdots n}$ 是个别粒子的本征函数之乘积。证明是不难的,只要将 H_{op} 的表式(5)代入(7)即可:

$$\begin{aligned}
H_{op}\varphi_k &= H_{op}{}^{(1)}\varphi_k + H_{op}{}^{(2)}\varphi_k + \cdots + H_{op}{}^{(n)}\varphi_k \\
&= \varphi_{k2}\cdots\varphi_{kn}H_{op}{}^{(1)}\varphi_{k1} + \varphi_{k1}\varphi_{k2}\cdots\varphi_{kn}H_{op}{}^{(2)}\varphi_{k2} + \cdots + \\
&\quad + \varphi_{k1}\cdots\varphi_{k_{n-1}}H_{op}{}^{(n)}\varphi_{kn} = \\
&= (H_{k1} + \cdots + H_{kn}) \cdot \varphi_{k1}\cdots\varphi_{kn} \tag{9}
\end{aligned}$$

因此我们可以认为如下形式的 ψ 函数确定着一个物理情态:

$$\psi_{k1\cdots kn}(q,t) = \varphi_{k1}\cdots\varphi_{kn} \cdot e^{-\frac{2\pi i}{h}(H_{k1}+\cdots+H_{km})t} \tag{10}$$

它是下列形式的 ψ 函数之乘积:

$$\psi_{km}(q,t) = \varphi_{km}(q) \cdot e^{-\frac{2\pi i}{h}H_m t} \tag{11}$$

(10)式所表示的情态可解释为粒子群处于定态。因此,粒子群的一般非定态可由(10)式所示的函数 $\psi_{k1\cdots km}(q,t)$ 的线性叠加来表征,即由下列形式的 ψ 函数来表征:

$$\varphi(q,t) = \sum_{k_1\cdots k_n} \sigma_{k1\cdots kn}\varphi_{k1}\cdots\varphi_{kn} \cdot e^{-\frac{2\pi i}{h}(H_{k1}+\cdots+H_{kn})t} \tag{12}$$

这种 ψ 函数之所以能用微粒解释解释为粒子群,是根据总 ψ 函数

中个别函数 $\psi_{k1k2\cdots}$ 的微粒解释。另一方面,如果把这些个别 ψ 函数解释为波,这个群便具有波动特征。虽然 H_k 在微粒解释中表示粒子的能量,但它在波动解释中通过关系式 $\nu_k = \dfrac{H_k}{h}$ 确定着波的频率。在微粒解释中,平方 $|\psi(q,t)|^2$ 是指几率密度,它所确定的是在时刻 t 给定地点 q 的相对粒子数;而在波动解释中,这个量表示场强。

在电磁场中也有与此类似的情况,只是这时牵涉到其他一些本书无法加以介绍的复杂数学。我们只要指出一点就够了:光波的微粒解释类似于电子群具有解释的二象性。

关于波动解释,经常有人提到两个困难。一个是:ψ 的数值是复数。然而这不能认为是物理解释的障碍。在物理实体的描述方面,复数和实数同样的好;复函数要看成是一种缩写符号,是用来表示两个实函数的。根据 §20 的考虑,这两个实函数间接地代表着两个几率分布。如果把 ψ 看成波,它的复数值就可解释成这样的意思:物理波场的特征不单是由一个标量函数来描写,而是由两个标量函数来描写。我们在电磁场的情况中已经知道这种具有双重特性的波场了,电磁场既包括电矢量又包括磁矢量。

另一个困难比较严重;它是由这样一个事实引起的:ψ 波是 n 个参量 $q_1 \cdots q_n$ 所构成的位形空间中的函数,而普通的波是三维空间中的函数。如果我们想把这种 n 维的波解释为三维波,波场就会具有很复杂的结构。让我们先从 $n=6$ 的情形开始,这时参量 q 相应于两个粒子的笛卡尔坐标。如果要把六维函数 $\psi(q_1 \cdots q_6)$ 改造成三维函数,我们就必须从下一事实出发:函数 $\psi(q_1 \cdots q_6)$ 的振幅不是对等于三维空间中的每一点,而是对等于每一对点。这可以作如下的理解:$\psi(q_1\cdots q_6)$ 表示一个波场集合,空间的每一点都是该集合中一个充满整个空间的波场的出发点。这个波场集合不能改用单个波场来表示,不能把后者设想为前者之叠加。这样的叠加在数学上是可能构成的,只要将 $\psi(q_1\cdots q_6)$ 对其中三个变量取积分;但是,即便我们先对 q_1,q_2,q_3 取积分,然后再对 q_4,q_5,q_6 取分以构成两个三维函数,这样得到的两个函数也是不能等价于函数 $\psi(q_1\cdots q_6)$ 的。所以我们非要把三维空间的情态描述为波场的无限集合不可。

此外,我们还必须了解一个事实:对 ψ 函数的部分变量取积分以后所得到的函数并不具有 ψ 函数的性质。这意思是说,这种函数不能描述物理情态,它的平方并不能确定几率分布。例如函数

$$g(q_1,q_2,q_3)=\left|\int\psi(q_1\cdots q_6)\,dq_4\,dq_5\,dq_6\right|^2 \qquad (13)$$

并不代表在位置 q_1,q_2,q_3 观测到粒子 1 的几率。这个几率应当取决于下一函数:

$$d(q_1,q_2,q_3)=\int\left|\psi(q_1,\cdots q_6)\right|^2 dq_4\,dq_5\,dq_6 \qquad (14)$$

它是与(13)不同的。

当参量数目更多时,三维描述还要更复杂。例如,在三个粒子情况下,共有九个笛卡尔坐标,这时 ψ 函数的一个值对等于三个点。这意味着 ψ 表示这样一个波场集合:对应于空间中的每一对点就有一个三维波场。在 r 个粒子的一般情况下,波场集合的结构是:对应于任意 $(r-1)$ 个点的组合就有一个三维波场。如果在 $q_1\cdots q_n$ 中除了笛卡尔坐标之外还包括——譬如说——转动参量,

那就还要引入由这些参量的值所表征的波场集合。

以上考虑表明，ψ 波一般并不具有普通波场的特性；仅当 q—空间归结为三维空间时，即仅当我们考虑独立的粒子时，事情才是这样的。个别粒子之间的相互作用可以忽略不计的粒子群问题就属于这种问题。这就是为什么通常的波动解释也适用于光线和电子束线的原因。

§28. 观测语言和量子力学语言

我们已在前面几节看到，一切详尽解释都导致因果异常。现在我们要来探讨一下，用有限解释能否避免这些因果异常。事情表明，答案是肯定的。

在我们介绍这些解释之前，先要比较仔细地分析一下解释的逻辑性质，并且探讨在怎样的条件下可以把观测之外实体的世界称之为完全的。

当我们从物理世界的考虑转到物理语言的考虑时[①]，认识论的问题就被大大简化了。这时关于物理实体的存在问题就变成了关于命题意义的问题。这有很大的优点，它能使我们走出形而上学先入之见的圈子，把这些问题当作逻辑问题来认真加以讨论。对我们来说，语言的分析可以采取如下的方式进行。

我们有两种语言：**观测语言和量子力学语言**。前者包含"盖革

---

　　① 这个方法对哲学分析的重要性近年来曾被 R. 卡尔纳普提到了显著的高度，参看 R. Carnap, *Logical Syntax of Language*(London, 1937)。

计数器"、"威尔逊云室"、"照相底片上的黑线"、"指针的读数"等措辞;"u 的测量"和"u 的测量结果"等片语是通过这些基本措辞定义的。同样,物理情态也能通过观测语言来定义;定义方法就是§20 中讨论用观测方法确定 ψ 函数时所指出的方法。量子力学语言包括"电子的位置 q"和"电子的动量 p"之类的措辞。两种语言之间有如下的关系:量子力学语言陈述的真假性由观测语言陈述的真假性确定。例如,当我们知道"位置的测量已经完成且其结果是 q"的陈述时,我们就说"电子具有位置 q"的陈述是真陈述。

　　两种语言陈述的**真值**之间的这一关系,可以设想为两种**意义**之间的关系。量子力学语言陈述的意义可以通过观测语言陈述的意义来确定。通常把这一关系解释为意义的**等值**。按照这种解释,量子力学陈述 A 与一系列证实着 A 的观测陈述 $a_1 \cdots a_n$ 的意义相同。这并不完全正确;意义之间的关系更复杂些,因为绝对的证实是不存在的。我们只能说:当一系列陈述 $a_1 \cdots a_n$ 为真时,A 是极为可能的。但对我们现在的目的说来,不必进一步考虑这个问题:我们在 A 与 $a_1 \cdots a_n$ 的关系中可以不考虑几率的因素,而认为 A 的意义是由 $a_1 \cdots a_n$ 的意义给予的。

　　重要的是要了解到,无论考不考虑几率因素,关于意义的这种说法都是基于**定义**,我们是用 $a_1 \cdots a_n$ 来**定义** A。没有这些定义量子力学语言就不能建立起来。§25 的定义 1 和定义 2 以及§27 的定义 3 都是这类定义的例子。因此§25 的详尽解释中用到定义是毫无疑问的;任何解释都得如此。

　　从观测预言的观点看来,归根到底任何解释都不是必要的,因而任何量子力学语言都是不必要的;我们没有必要说电子以及电子的速度和位置,任何事情都可以通过测量仪器来说。例如我们可以说:"如果在如此的观测条件下使用某种测量仪器,其指针将指示出这个或那个读数"。仅当我们想引入关于微观实体的陈述时,我们才必须利用定义。

现在让我们转到适应量子力学的观测语言的分析上来。关于这个问题,§24 的结果导致某些重要的结论。我们曾在 §24 看到,就量子力学能预言个别实体的统计情况来说,它等于经典统计物理。差别仅仅表现在推导的方法上;经典统计在推导中用到了一个关于 q 和 p 之组合分布的假定,并且非要用这个假定不可,而量子力学并没有用到这样的假定。让我们提出这样的问题:从观测语言的角度来看,不用这个假定意味着什么呢?

当我们说,在一般的物理情态 s 下不能同时确定 q 和 p 的数值时,这个量子力学语言的陈述要按照如下方式翻译成观测语言。

实体 q 的测量(缩写为 m_q)操作是通过宏观操作来定义的,宏观操作就是使用盖革计数器、x 射线管、指针等仪器;操作 m_p 也是通过类似方法来定义的。我们从这些定义出发,完全停留在观测语言的范围内来考虑就能推知,m_q 和 m_p 两种操作不能同时完成。诚然,测量的观测定义是就量子力学考虑来选择的;这正是为什么——譬如说——动量的测量要用那些不允许极短波长的波进入的宏观仪器来定义的原因。但是一旦给定了观测定义以后,m_q 和 m_p 的不相容性就只是一个宏观事件。

由此可见,在观测语言的范围内,我们不能提出这样的问题:如果同时进行了观测 m_q 和 m_p,结果会如何? 这个问题是不合理的,就像我们提出——譬如说——"如果太阳的温度同时是一百度和一百万度结果会如何?"的问题一样地不合理。因此,提不出关于实体同时数值的陈述并不等于说观测语言毫无意义。

如果把这个结果同§24的结果结合起来(按照§24,个别实体的统计学完全取决于量子力学),我们可以得到如下的结论:量子力学的观测语言**在统计上是完全的**。所谓"在统计上完全"的意思是:对于一切可能用观测语言来定义的情态,我们都能以确定的几率预言测量的观测结果。因此这个结论也能表为如下的说法:**量子力学的预言方法对观测语言来说在统计上是完全的**。假如我们能知道因果律,并且能对满足测不准关系的初始条件的给定几率分布应用经典统计,那么,就观测结果而言,这样作出的预言并不会比量子力学预言更好;一切能用经典统计方法预言的观测结果同样也能用量子力学方法预言。

这个结果同解释的问题有着重要的关系。不管我们提出的解释如何,也就是说,不管量子力学语言是如何构造起来的,它对观测语言说来总是在**统计上完全的**。当我们说一种解释不完全或者没有别种解释完全的时候,"完全"这个词除了是指"对观测语言完全"以外,一定还有其他的意义。

情况的确是这样。当我们认为一个完全的描述中必须要有关于 q 和 p 的同时数值的陈述或者至少需要有关于统计分布 $d(q, p)$ 的陈述时,理由都是基于我们对微观世界的看法。我们在微观世界里是把实体 q 和 p 解释为用时空描述物理状态的要素。要是用观测语言定义的操作 m_q 和 m_p 不相容的话,我们就希望有其他方法能同时获知 q 和 p 的值;这个愿望是通过适当的定义得到满足的,这些定义都是借助非测量的方法来确定这些数值。凡是不包括这些定义的解释，都是在**时空描述方面统计上不完全的解释，虽然在可验证性方面它是统计上完全的**。

为了避免"完全"一词的含糊性，我们在§8中曾经提出了两个术语，即把详尽解释和有限解释区别开来。像§25中那样的解释，关于观测之外实体的数值是完全确定的，这种解释称为**详尽解释**；这些数值在其中保持不确定的解释称为**有限解释**。前面的结果说明，有限解释对观测语言说来总是完全的。

引入有限解释的目的是消除详尽解释中所带来的因果异常。§26的结果表明，如果我们给观测之外实体的数值下一套完全的定义，诸如§25的定义1和定义2，那么，这些异常就总要产生。因此，如果想把包含因果异常的陈述排斥在量子力学断言的范围之外，我们就必须用一套不完全的定义。这样我们就能仅限于量子力学所能断言的范围之内；这就是我们讲有限解释的理由。

§24的结果表明，有限解释至少在统计上是**个别完全的**。所谓在统计上个别完全的，意思就是对于有关每个个别实体的陈述说来，这些解释是统计完全的；我们所拒绝的只是有关实体数值之结合的陈述，即有关不可对易实体的陈述。

有限解释提出的方式有两种，第一种方式是把不希望的陈述定义为无意义的，从而把它们排斥在量子力学语言的范围之外。因此我们说，这是一种**限制含义的解释**。第二种方式是不把不希望说的陈述排斥在量子力学**语言**的范围之外，而把它们排斥在量子力学的**断言**范围之外；达到这个目的的方法是赋予这些陈述以第三个真值，它称为**不确定**。因此这种解释可以叫做**断言能力有限的解释**。

现在我们就转到这两种有限解释的分析上来。

§29. 限制含义的解释

大体上说，下面将要介绍的限制含义的解释乃是玻尔和海森堡所提出的观念的系统表述。所以我们将把它称为**玻尔－海森堡解释**，但是不能说，这个解释的全部细节都是玻尔和海森堡的工作结果。 140

这个解释没有用到§25的定义1和定义2。关于观测实体的数值，它用的是如下的一个定义：

定义 4. 测量结果表示观测实体在测量瞬后的值。

这个定义只包含§25定义1和§27定义3的共同部分；定义中没有提到实体在测量**之前**的数值如何。因此在这一解释中，我们不能再说观测实体仍然不受干扰；观测实体和观测之外的实体都可能受到干扰。另一方面，它也**没有断言**观测实体受到了干扰。定义4有意把这个问题搁下没有回答。有限解释既不肯定也不否定测量有干扰。至于定义4中"瞬后"的时间有多久，这要看 ψ 函数与时间的关系如何；在定态情况下，这段时间可以选得任意的长。

定义4被限定有一个直接后承，那就是：同时数值不能测定。我们关于定义1所作的考虑不再适用了，如果我们先测量 q，然后测量 p，则所得 q 和 p 的值并不表示同时的数值；只有 q 才代表这两次测量之间的值，而 p 所表示的乃是第二次测量之后的值，这时 q 值已不再有效。仅当测量实体 u 之后接着的是一次同类测量时,第一次测量所得的 u 值才表示第二次测量前后的值;但是它在第二次测量前之所以有效,只是因为它同时也代表第一次测量后的值。因此,只有一次测量接着一次同类的测量,我们才知道它对观测实体没有干扰。

定义 4 把测量得到的数值解释为测量**之后**的值而不解释为测量**之前**的值。这样做的理由如下。我们知道,重复测量产生同样的数值;因此,如果测得的数值在第二次测量之前的时间有效,它也就一定在第一次测量之后的时间有效。因此,如果把定义 4 中"之后"一词改为"之前",就会导致如下的结论:测得的数值在每次测量之前和之后都有效;这意味着我们引入了定义 1。这个考虑中所表现的时间对于测量的不对称性,乃是量子力学的一个有代表性的特点(但是参看 167 页上的注①)。

我们说过,如果测量了 q,我们就不能知道 p 的值。玻尔—海森堡解释中认为这种知识的缺乏使得关于 p 的陈述成为**无意义的**。因此,这个解释正是在这里引入了一个限制量子力学语言的规定。它表示在如下的定义中。

141　　**定义 5.对一个不是由实体 u 的测量所产生的物理状态说来,关于实体 u 的数值的任何陈述都是无意义的。**

这个定义中所用"陈述"一词的意义比通常的更广泛,通常是把陈述定义为有意义的。让我们用"命题"一词来表示这种狭义上有意义的陈述。因此定义 5 是说,并非一切像"实体的数值是 u"这样的陈述都是命题,即都有意义。因为玻尔—海森堡解释用到定义 5,故可把它叫做**限制含义的**解释。

这里要补充一点关于定义 5 的逻辑形式问题。现代逻辑提出了**对象语言**和**元语言**之间的区分；前者讲的是物理对象，后者是讲陈述，这些陈述又是联系到对象的。[①] 元语言的第一部分是**句法**，它仅仅讲陈述，不牵涉到物理对象；这部分是系统地讲陈述的结构。元语言的第二部分是语义学，它同时涉及陈述和物理对象。这部分主要是系统地讲述如何规定陈述的真值和意义，这些规定涉及物理对象。元语言的第三部分是**实用主义方法**，它涉及使用对象话语的个人。[②]

表 1

观测语言		量子力学语言
m_u	u	U
真	真	真
真	假	假
假	真	无意义
假	假	无意义

如果用以上术语讨论定义 5，我们可以得到如下的结果：定义 4 以及 §25 的定义 1—2 和 §27 的定义 3 所确定的都是对象语言

---

①　从对象语言转到元语言的表示方法是用引号，同样也可以用斜体字。在我们的逻辑陈述中是用斜体字作为表示命题的符号，而不用引号，并且规定命题符号之间运算号的意思是应用到命题上，而不是应用到它们的名称上（用 R. 卡尔纳普的术语来说，这是运算号的自发用法）。例如我们不写成"'a'为真"，而写成"a 为真"；不写成"'a.b'为真"，而写成"a.b 为真"。因此我们提出的全部公式严格说来都不是对象语言的公式，而是这些公式的描述。但对大多数实际目的说来，两者之间的这一区分是不容忽视的。

②　这种划分方法是由 C. W. 摩里斯提出的，参看"Foundations of the Theory of Signs", *International Encyclopedia of Unified Science*，第 1 卷，第 2 期（Chicago, 1938）。

的措辞,都是像"实体 u 的数值"这样的措辞,而定义 5 所确定的乃是元语言的一个措辞,即"无意义的"。因此这个定义是一个语义学规则。我们将其表示在表 1 中。表中把"进行了 u 的测量"这一陈述记为 m_u,把"测量仪器的指针指示出数值 u"这一陈述记为 u。这两个陈述都属于观测语言的范围。量子力学陈述则用大写字母来表示;U 表示陈述"实体在测量瞬后的数值是 u"。[①] 表 1 说明两种语言之间的对应关系。

142　　　　无意义的陈述不遵守命题运算的规则;例如,无意义陈述的否定一样是无意义的。同样,有意义陈述和无意义陈述的结合是没有意义的。如果陈述 a 有意义,而 b 无意义,则 a **与** b 无意义;a **或** b 也无意义。甚至连**排中律**的断言(即 b **或非** b)也没有意义。因此,这种对意义的限制把量子力学语言的领域切除了一大片,连带地把所有关于因果异常的陈述也切除了(参看 60—61页)。

　　　　定义 5 的唯一根据在于它可以消除因果异常。这点要清楚地记住。我们不要错误地认为,因为关于测量前实体数值的陈述无法证实,所以这些陈述才是无意义的。要知道,关于测量后数值的陈述也无法证实。如果在我们所考虑的解释中禁止一种陈述而容许另一种陈述,那就要把这看成是一种规定,从逻辑上说,这种规定是可以随意作的,只能根据方便与否来评断它。从这个观点看来,定义 5 的优点就在于它能消除因果异常,但这也就是它的全部

----

　　①　更确切地说应为:"在考虑到陈述 m_u 的真值的时间瞬后"。如果 m_u 为真,这句话的意义与"测量瞬后"相同;但如果 m_u 为假,则在 U 有一个约定真值的时候,我们的陈述同样能和它对应。(这时是不能用"测量之后"的说法的。)

根据了。

常常有人忘记了玻尔-海森堡解释用到定义 4。这个定义看来是如此之自然，以致人们忽视了它作为定义的特征。但要是没有它，玻尔-海森堡解释就提不出来。用第一编中的话来说，定义 4 是为了从观测材料过渡到现象所必需的；它确定着现象。因此我们不要错误地说，玻尔-海森堡解释只用到能证实的陈述，而必须说，较之其他解释讲来这种解释关于观测之外的实体用了一个弱一些的定义，采用了有限制的意义，这样做的优点就是排除了因果异常的陈述。

现在我们要来看看不可对易实体之间的关系。我们知道，当我们进行 q 的测量时，就不能同时进行 p 的测量，反之亦然。关于不可对易实体同时数值的陈述称为**并协陈述**。由此利用定义 5 我们有如下的定理： 143

定理 1. 如果两个陈述是并协的，则其中至多有一个有意义；另一个是无意义的。

这里说"至多"，是因为两个陈述中不一定有一个有意义；在由 ψ 函数所确定的一般情态 s 下，如果 ψ 不是所考虑实体之一的本征函数，则两个陈述都是无意义的。

定理 1 表示一个物理规律；它无非就是对易规则或不确定原理的另一说法，后者是排斥同时测量不可对易实体的。我们看到，这里用定理 1 把一个物理规律表成了语义学规定的形式；它一般地说到陈述的意义。这是不能令人满意的，因为物理规律通常是用对象语言来表达，而不是用元语言来表达的；而且，定理 1 所表述的规律谈到哪些语言表述并不总是有意义；而一个规律则是说，这些表述在哪些条件下有意义。如果引入这类规定作为确定所用语言的约定，它们就显得是自然的，但要是假定它们起着物理规律的作用，那就似乎不自然了。规律的表述方式只能涉及到一类同时包括有意义和无意义的语言表述；因此，在某种意义上说，这个规律也连带地把无意义的表述包括到物理语言中。

后一事实也可通过如下的例子来说明。令 $U(t)$ 是命题函数"实体在时刻 t 具有数值 u"。$U(t)$ 在给定的时刻 t 是否有意义就要看测量 m_u 在该时刻是否已完成。因此在这解释中，命题函数对变量 t 的某些值是有意义的，对另一些 t 值是无意义的。

问题在于能否构想出一种解释避免这些缺点。为了建立这种解释，斯持拉斯曾经进行了一次有趣的尝试。[①] 尽管他没有明确指出他的解释是依据那些规则，但它们似乎能通过如下的方法构成。

把 §25 的定义 1—2 和 §27 的定义 3 抛弃掉，定义 4 仍然保留，定义 5 则引用如下的定义来代替：

144　　**定义 6. 量子力学陈述 u 是有意义的，如果能完成测量 m_u 的话。**

由此可以推知，一切关于个别实体的量子力学陈述都是有意

① M. Strauss, "Zur Begründung der statistischen Transformationstheorie der Quantenphysik," *Ber. d. Berliner Akad*, *Phys. -Math. Kl.*, XXVII(1936)，以及 "Formal Problems of Probability Theory in the Light of Quantum Mechanics," *Unity of Science Forum*, *Synthese*(The Hague, Holland, 1938)，35 页；(1939)，49，65 页。在这些著作中，斯特拉斯还发展了几率论的形式，其中就并协陈述修改了我的几率存在规则。但是这一修改仅仅在我们使用不完全的记法。例如使用 §22 一开始所用的那种记法时，才是必要的。如果采用 §22 中(13)式所引用的记法，即在几率表式的第一个位置上加写一项 m_u，那就可以不必修改存在规则。

义的,因为我们总有可能测量这个实体。仅当 U 代表两个并协陈述 P 和 Q 的结合时,相应的测量才不能进行;因此,像 P 与 Q 这样的陈述是无意义的。同理,其他形式的结合陈述,诸如 P 或 Q,也被认为是无意义的。按照斯特拉斯,量子力学逻辑结构的特点就是,并非一切陈述都是**可联结的**,也有**不可联接的**陈述。

用这种解释构造起来的物理语言仅包含有意义的成分,这也许可以算是一个优点。它仅仅通过陈述的联结规则来规定哪些表述无意义。但是物理上的并协规律仍然表现为一个语义学规则,而不是表现为对象语言的陈述。

我们姑且不管后一点是否算是缺点,现在所要指出的是,根据定义 6 作出的这种解释有一个严重困难。如果把 U 看成 t 的函数,那我们的确总有可能测定实体 u,因而 U 总是有意义的。但如果把 U 看成一个由一般函数 ψ 所表征的一般物理情态 s 的函数,事情就不同了。能否对一般的情态 s 测定实体 u 呢?我们知道,u 的测量要破坏情态 s,所以这是不可能的。由此可见,对一般情态 s 而言,甚至连个别陈述 u 也是无意义的。因此上一解释可归结为基于定义 5 的解释。另一方面,如果这样来解释定义 6 的意义;即使对一般的情态 s 也有可能测定 u,那么,测量所得的 u 值就一定是指实体在情态 s 中的值,也就是测量前的值。这就表明解释中用到了 §25 的定义 1。但要是用到这个定义的话,则如 §25 所述,我们也就有可能作出两次测量之间有同时数值的陈述,而这就意味着破坏了上述关于不可联结陈述的规定。

因此,如果确实可以把斯特拉斯的解释看成是经由定义 4 和定义 6 给出的话,那就可以得到如下的结论:这个解释又退回到定义 4 和定义 5 的解释①。

§30. 经由三值逻辑的解释

上节的探讨证明了,如果认为关于观测之外实体数值的陈述是无意义的,那也就要把这种无意义的陈述包括到物理语言中,要想避免这个结论就要使用一种排斥这类陈述的解释,不是把它们排斥在**有意义**的范围之外,而是排斥在**可断言**的范围之外。这就导致三值逻辑,它对这种陈述有一个特殊范畴。

普通的逻辑是二值的;它由**真**和**假**两个真值构成。我们能引入一个中间的真值,可以把它叫做**不确定**,与此真值对应的一类陈述就是玻尔—海森堡解释中称之为**无意义**的陈述。我们可以举出几个要做这样解释的理由。当一个实体能在某些条件下测定但不能在另一些条件下测定时,似乎自然要把它在后一些条件下的数值看作不确定的。我们不必把关于这个实体的陈述从有意义的陈述范围里取消;我们只需要用一个规定,把这些陈述既不当作真陈述也不当作假陈述来处理。引入第三个真值不确定就可以达到这个目的。"不确定"一词的意义要小心地同"不知道"一词的意义区别开来。后一术语甚至适用于二值逻辑,因为二值逻辑中一个陈述的真值可能是我们不知道的,但是,这时我们知道它不是真便是假。这个断言是**排中律**的表示,排中律的原则乃是传统逻辑的基

---

① 斯特拉斯先生曾告诉我,他计划发表一篇文章,重新说明他的概念,提出某些修正。

本原则之一。另一方面,如果引入第三个真值不确定,排中律就不再是一个有效的原则了;中间值是有的,它是**不确定**的逻辑状态所具有的真值。

　　不确定这个真值的量子力学意义可以通过下面的考虑阐明。设想有一一般的物理情态 s,我们在此情态下测量实体 q;这样做以后,我们就永远不能再知道要是当初测量实体 p 的话,结果会如何。在新的情态下测量 p 是没有用的,因为我们知道 q 的测量使情态有了变化。去构造一个其情态和当初的情态 s 相同的系统,然后去测量这系统的 p 也是没有用的,因为 p 的测量结果只能按照一定的几率来确定。这样的重复测量可能得到一个不同于当初得到的值。量子力学预言的几率特征导致个别事件的绝对性;它使个别事件成为不可预言的,恢复不了的。为了表示这个事实,我们把观测之外的数值当作不确定的,这里是在第三个真值的意义上来使用不确定这个词的。

　　上述情况在逻辑结构上并不同于宏观关系中的情况。让我们假定约翰说:"如果我在下次掷骰子,我将得到'六'"。皮特说:"不,如果我去掷,我将得到'五'"。假定让约翰去掷,掷出的结果是'四';于是我们就知道约翰的陈述是假的。但对于皮特的陈述我们就决定不来了。我们绝不能采取在约翰掷过之后再让皮特去掷的办法来确定皮特陈述的真假,就这点说,情况有些类似于量子力学的情况:因为皮特这时是从新的情态出发去掷骰子,其结果不能告诉我们要是当初不让约翰而让皮特去掷的话会有怎样的结果。但既然掷骰子是一个宏观事件,我们原则上就还有其他方法能在约翰掷过骰了之后去检验皮特陈述的真假,甚至在谁都没有掷之前就能这样做。这就得去精确测定骰子的位置,皮特肌肉的状态,等等,然后我们便能以任意高的几率预言皮特掷骰子的结果;或者让我们说得确切些,我们做不了这件事,但是拉普拉斯的超人做得了。对我们来说,皮特陈述的真值是永远知道不了的[①];但它并非**不确定**,因为它在原则上能确定,只是由于缺乏技术能力我们确定不了而已。上述量子力学的例子就不同了。当我们对一般的情态 s 测量了 q 以后,甚至连拉普拉斯的超人也无法知道要是去测量 p 的话会有怎样的结果。为了表示这个事实,关于 p 的陈述我们给以逻辑真值**不确定**。

表 2

观测语言		量子力学语言
m_u	u	U
T	T	T
T	F	F
F	T	I
F	F	I

　　量子力学语言中真值**不确定**的引入。在形式上可用表 2 来表示,表中把量子力学陈述的真值确定为观测语言陈述的真值的函数。我们把真记为 T,假记为 F,不确定记为 I。符号 m_u,u 和 U 的意义与 185 页上所解释的相同。[②]

　　让我们对这样构造起来的量子力学语言的逻辑地位问题再补

----

① 原文为约翰,似为皮特之误。——译注
② 至于函子"实体的数值"的用法,请参看 221 页。

充说几点。当我们把详尽解释划分为**微粒语言**和**波动语言**时,表2中引入的语言可以看作一种**中立的语言**,因为它没有确定这些解释中的任何一种。诚然,我们有时把测量到的实体说成是粒子的路径,有时说成是针尖辐射的路径;或者有时说粒子的能量,有时又说波的频率。但是,这些术语都只是微粒语言或波动语言留下的剩余。观测之外实体的数值是确定不了的,所以表2中的语言并没有确定测量到的实体究竟是属于波还是属于微粒的;我们将使用一种中立的措辞说,测量到的实体乃是**量子力学对象**的参量。因此,把这个参量称为能量还是称为频率,其间的差别只是在参量的数值上有一个因子 h 的差别而已。我们对观测之外实体的解释中之所以可能有这种歧义性,是由于我们使用了**不确定**这个范畴。因为我们确定不了观测之外的实体是具有数值 u_1 **或** u_2 或其他等等,所以我们同时也确定不了它具有数值 u_1 **与** u_2 与其他等等;这就是说,量子力学对象是粒子还是波,这是确定不了的(参182页)。

但是,**中立语言**这个名称不适用于197页表1中的语言。197页表1中的语言不包括关于观测之外实体的陈述,因为它把这类陈述称为无意义的;所以它不等价于详尽语言,而只等价于详尽语言的一部分。反之,表2的语言完全等价于详尽语言;它把关于观测之外实体的陈述称为不确定的陈述。

多值逻辑的结构首先是由婆斯特提出的[①],此外留凯西维兹

---

① E. L. Post, "Introduction to a General Theory of Elementary Propositions," *Am. Journ. of Math.*, XLIII(1921),163页。

和塔尔斯基也独立提出过它。[①] 以后许多人讨论过这种逻辑,并且一直在寻找它的应用领域;原始文献中没有解决应用的问题,文献作者们仅限于在形式上构成了一种演算方法。作者曾提出过一种几率逻辑的结构[②],这种逻辑结构引用了连续的真值标度。这种逻辑更适用于经典物理,而不怎么适用于量子力学。因为其中每个命题都有一个确定的几率,真值不确定在其中没有地位;几率等于 $\frac{1}{2}$ 并不是量子力学陈连中**不确定**这一范畴所指的意思。几率逻辑乃是二值逻辑对一种具有连续等级的真值情形的推广。量子力学之所以注意到这种逻辑,只是因为它也打算推广真和假两个范畴,和经典物理中一样,这种推广在量子力学领域中也是必要的;在这两个领域里,都要把**真假**两个"明确"范畴看作理想的范畴,只能在近似的意义上使用它们。可是,量子力学的真值**不确定**就是一个完全不同的范畴了。三值逻辑在量子力学上的应用经常为人们所重视;例如,费瑞尔曾经发表过这种逻辑的概貌。[③] 我们

[①] J. Lucasiewioz, *Comptes rendus Soc. d. Sciences Varsovie*, XXIII(1930), Cl. III, 51 页;J. Lucasiewicz and A. Tarski, *op. cit.*, 1 页。留凯西维兹的观念首先发表于波兰杂志 *Ruch Filozoficzny*, V(Lwow, 1920), 169—170 页上。

[②] H. Reichenbach, "Wahrscheinlichkeitslogik," *Ber. d. Preuss. Akad.*, *Phys.-Math. Kl.* (Berlin, 1932).

[③] Paulotto Février, "Les relations d'incertitude de Heisonberg et la logique," *Comptes rendus de l'Acad. d. Sciences*, 第 204 卷(Paris, 1937). 481, 958 页。也可参看 L. Rougier 提出的报告, "Les nouvelles logiques de la mécanique quantique," *Journ. of Unified Science*, *Erkenntnis*, 第 9 卷(1939), 208 页。P. 费瑞尔的文章中不是把不确定当作第三个真值,而是把"加强假"或荒谬当作第三个真值;因此她的真值表与我们的不同。她提出了"命题结合词"和"非命题结合词"之间的区分,类似于斯特拉斯所提出的那种区分。因此我们关于后一概念所表示的异议(189—190 页)也适用于费瑞尔的这一概念。

下面所要介绍的结构和它有所不同,我们是从前面几节所作的几点认识论考虑出发的。

§31. 二值逻辑的规则

在介绍三值逻辑的系统之前,让我们首先简短解说一下二值逻辑的规则,我们将使用数理逻辑或符号逻辑,即逻辑形式,因为只有用这种形式才能足够严谨地实现向三值逻辑的推广。

经典逻辑或二值逻辑的结构可用它的真值表来表示,真值表把命题运算的真值确定为基本命题真值的函数。其中最重要的运算如下:

$\bar{a}$ 非 a,否定

$a \vee b$ a 或 b,或兼有,析取式

$a.b$ a 与 b,合取式

$a \supset b$ a 蕴含 b

$a \equiv b$ a 等值 b

二值逻辑的真值表列于表 3A 和 3B 中。

这些表可从两个方向来读:从基本命题读到复合命题或从复合命题读到基本命题。例如对"或"来说。前一种读法告诉我们"如果 a 为真,b 为真,则 $a \vee b$ 为真"。第二种读法告诉我们,"如果 $a \vee b$ 为真,则 a 为真且 b 为真,或者 a 为真 b 为假,或者 a 为假 b 为真。"运算栏中所含的 T 愈多,该运算便愈弱,因为它告诉我们的东西愈少。例如"或"比"与"弱;它关于 a 和 b 的真值告诉我们的比"与"少。弱运算比强运算更容易证实,因为任何一个 T 事例

只要去观测就能得到证实。表 3B 中的蕴含号只在一定程度上相当于交谈中的蕴含词,罗素把它称为**实质的蕴含式**。

表 3A

	否　定
a	$\bar{a}$
T	F
F	T

表 3B

a	b	析取式 $a \vee b$	合取式 $a.b$	蕴含式 $a \supset b$	等值式 $a \equiv b$
T	T	T	T	T	T
T	F	T	F	F	F
F	T	T	F	T	F
F	F	F	F	T	T

149　　　　一个逻辑公式是一个复合命题,对基本命题的每个真值来说,它都有真值 T。这样的公式称为**同语反复式**。它是永真的,因为无论基本命题的真值如何它都为真。另一方面,同语反复式也是空的,没有告诉我们什么,因为它根本不能告诉我们基本命题的真值如何。这个性质不等于说同语反复式毫无价值;相反,它们的价值正是在于它们是永真的和空的。我们总可以把这样的公式附加到物理陈述上,因为这并没有增加任何经验内容;只要我们想从物理陈述导出结论。就必须加上它们。因此,精心构成的同语反复式给物理学家提供了一种有力的推导工具;全部数学都必须看成

是这样的一种工具。

简单同语反复式的例子是如下的公式：

$$a \equiv a \qquad 同一律 \tag{1}$$

$$\bar{a} \equiv a \qquad 双重否定律 \tag{2}$$

$$a \vee \bar{a} \qquad 排中律 \tag{3}$$

$$\overline{a.\bar{a}} \qquad 矛盾律 \tag{4}$$

$$\overline{a.b} \equiv \bar{a} \vee \bar{b} \left.\vphantom{\begin{matrix}1\\1\end{matrix}}\right\} \text{德·摩根规则} \tag{5}$$

$$\overline{a \vee b} \equiv \bar{a}.b \tag{6}$$

$$a.(b \vee c) \equiv a.b \vee a.c \qquad 第一分配律 \tag{7}$$

$$a \vee b.c \equiv (a \vee b).(a \vee c) \qquad 第二分配律 \tag{8}$$

$$(\bar{a} \supset b) \equiv (\bar{b} \supset a) \qquad 调位规则 \tag{9}$$

$$(a \equiv b) \equiv (a \supset b).(b \supset a) \qquad 等值式之分解 \tag{10}$$

$$a \supset b \equiv \bar{a} \vee b \qquad 蕴含式之分解 \tag{11}$$

$$(a \supset \bar{a}) \supset \bar{a} \qquad 归谬法 \tag{12}$$

所有这些公式都不难通过**事例的分析**来证实，即陆续假定 a 和 b 有全部的真值，然后根据其值表证明公式的真值总是 T。为了简化符号，今后我们使用的是下列符号**结合力规则**：

最强结合力—. $\vee$ $\supset$ $\equiv$ 最弱结合力

用这个规则可以省略掉括号。

一个公式如果在其真值表相应一栏中时而有 T，时而有 F，它就称为**综合式**。它所陈述的是经验真理。全部物理陈述，不论是物理规律或是关于给定时刻的物理条件的陈述，都是综合式。一个公式如果在其相应一栏中只有 F，则称它为矛盾式。它总是假。

从以上所给的同语反复式出发不难构造出一些规则，使我们能仿照数学方法来处理逻辑公式。我们不打算进一步描述这个程序；这在符号逻辑的教科书中都有所介绍。

§32. 三值逻辑的规则

构造三值逻辑的方法是从如下的观念出发：在我们所考虑过的语言中，元语言可以看成是属于二值逻辑的。例如我们把"A 具有真值 T"这样的陈述看成二值的陈述。因此编造三值逻辑真值表的方法可以仿照二值逻辑真值表的编造方法。唯一区别是在双线左边各栏中要考虑到三个真值 T, I, F 的全部可能组合。

在三值表中，可以定义的运算数目远远多于二值的。我们所定义的运算可以看成是二值逻辑运算的推广；但二值逻辑中每个运算有各种推广形式。例如我们将得到不同形式的否定式、蕴含式等等。我们仅限于定义真值表 4A 和 4B 中所列出的运算。[①] 和以前一样，三值的命题仍用大写字母来表示。

表 4A

A	$\sim A$	$-A$	$\overline{A}$
T	I	F	I
I	F	I	T
F	T	T	T

① 这些运算式大多数是由婆斯特定义的，其中例外的是完全否定式、二中择一蕴含式、准蕴含式和二中择一等值式，本书引入它们是为了量子力学的目的。婆斯特还定义了一些蕴含式，这里没有用到。我们的标准蕴含式就是婆斯特的蕴含式 $\supset_{\%}$，其中 $m = 3, \mu = 1$，即在三值逻辑中，$t_\mu = t_1 = $ 真。

表 4B

A	B	$A \vee B$	$A . B$	$A \supset B$	$A \rightarrow B$	$A \ni B$	$A \equiv B$	$A \equiv B$
T	T	T	T	T	T	T	T	T
T	I	T	I	I	F	I	I	F
T	F	T	F	F	F	F	F	F
I	T	T	I	T	T	I	I	F
I	I	I	I	T	T	I	T	T
I	F	I	F	I	T	I	I	F
F	T	T	F	T	T	I	F	F
F	I	I	F	T	T	I	I	F
F	F	F	F	T	T	I	T	T

　　否定号是应用到单个命题上的运算号;因此二值逻辑中只有一种否定运算。在三值逻辑中可以构成几种应用于单个命题的运算。我们把它们都叫做否定运算,因为它们都使命题的真值有所改变。最方便的做法是把三个真值 T, I, F 按次序排起来,从**最高**值 T 排到**最低**值 F。利用这种术语,我们可以说,循环否定是把一个真值改为下一个真值,但最低值的情形例外,这时它被改为最高值,因此我们把表式 $\sim A$ 读作**次于 A**。直接否定是 T 和 F 对调,而 I 保持不变。它相当于算术中负号的作用,这时真值 I 可解释为数字 0;因此我们把表式 $-A$ 称为 A **之负**,读作**负 A**。完全否定是把真值改为其余两个当中的最高者。$\overline{A}$ 读作非 A。我们马上就会明白这种否定运算的用法。

　　析取运算和合取运算相当于二值逻辑中的同名运算。析取式的真值是基本命题真值中的较高者；合取式的真值是其较低者。

152　　构成蕴含式的办法有许多种。我们只用到三种蕴含式，它们都定义在表4B中。表中第一种蕴含式是三一三运算，这就是说，从基本命题的三个真值可得出运算式有三个真值。我们把它叫做**标准蕴含式**。表中第二种蕴含式是三一二运算，因为在该栏中只有真值 T 和 F；因此我们把它叫做**二中择一蕴含式**。表中第三种蕴含式称为**准蕴含式**，因为它不满足通常对蕴含式的全部要求。

我们对蕴含式的首要要求是，它要使得**推理**步骤成为可能，这可表为如下的规则：如果 A 为真，并且 **A 蕴含 B** 为真，则 B 为真用符号表示就是

$$\frac{A}{\underline{A \supset B}}$$
$$B$$

(1)

我们全部三个蕴含式都满足这个规则；凡是在自己的真值表中第一行为 T，第二行和第三行不是 T 的运算都能满足这个规则。我们对蕴含式的第二个要求是，如果 A 为真而 B 为假，则蕴含式便假；这要求第三行中是 F——这个条件也为我们的蕴含式所满足。这两个条件同样也为"与"所满足，的确，我们能用合取号代替(1)式中的蕴含号。但我们不把"与"看作蕴含词，这是由于"与"所说的意思多得多。如果(1)式中第二行是 A.B，则把第一行省去时，推理仍然有效。因此我们要求蕴含式要这样来定义：如果(1)中没有第一行，推理便不成立；这就要求第三行以个有些行中是 T。第一种和第二种蕴含式满足这个要求，但准蕴含式不满足。蕴含式的另一个条件是 a **蕴含** a 永真。第一种和第二种蕴含式满足这个条件，而准蕴含式不满足。尽管有这些差异，我们还是把准蕴含运

算看作一种蕴含运算,其理由可在以后看出(参看§34)。

一般要求 **A 蕴含 B** 不一定需要 **B 蕴含 A**,即蕴含关系是不对称的。我们三种蕴含式都符合这个要求。这是使蕴合式不同于等值式的一个要求(也是使其不同于"与"的另一要求)。等值式表示 A 和 B 的真值相等;所以在第一行,中间一行和最后一行必须是 T。此外,它还要求 A 和 B 的关系是对称的,即当 A **等值** B 时,也有 **B 等值 A**。这些条件都为我们的两个等值式所满足。因为这些条件仍容许我们在一定范围内自由选择等值式的定义,所以还能定义其他一些等值式;但我们只需要表中列出的两种。

为了简化记号,我们使用下列符号**结合力规则**：

153

最强结合力

完全否定号 ⎫	―
循环否定号 ⎬同等力量	～
直接否定号 ⎭	―
合取号	•
析取号	∨
准蕴含号	⊃
标准蕴含号	⊃
二中择一蕴含号	→
标准等值号	≡
二中择一等值号	≡

最弱结合力

如果在字母 A 之前有几个直接否定号或循环否定号,我们就约定：紧靠在 A 之前的那个否定号与 A 有最强的联系,其他依此次序类推。完全否定号扩大到复合命题上的用法类似于括号的用法。

我们确定真值的方法是只能断言真值为 T 的陈述。当我们想说一个陈述具有 T 以外的其他真值时,可以借助否定号办到。例如断言

$$\sim \sim A \qquad (2)$$

是说 A 为不确定。同样,下列断言之一是说 A 为假:

$$\sim A \qquad -A \qquad (3)$$

否定号的这种用法使我们能够取消元语言中关于真值的陈述。例如,对象语言的陈述**次于次于** A 可以代替语义学的陈述"A 为不确定"。同样。元语言的陈述"A 为假"可改为对象语言(3)中两个陈述之一,它们分别读作"**次于** A"或"**负** A"。因此我们能实行如下的原则:**凡是我们想说的,都以对象语言的真陈述形式来说**。

和二值逻辑一样,一个公式如果在其真值表相应一栏中只有 T,则称它为同语反复式;如果只有 F,则称它为**矛盾式**;如果在该栏中至少有一个 T,但至少也有一个其他真值,则称它为综合式。二值逻辑的陈述便划分为这三类,但在三位逻辑中有着更复杂的划分。上述三类陈述在三值逻辑中也有,但在综合陈述和矛盾陈述之间还有一类绝不真但也不矛盾的陈述;它们在相应各栏中只由 I 和 F,甚至只有 I;这类陈述可以称为**非综合陈述**。综合陈述可划分为三类。第一类包括可能有全部三个真值的陈述;我们称之为**全综合陈述**。第二类包括只能是真或是假的陈述;它们可以称为**真—假陈述**,或**普通综合陈述**。它们是简单的二值逻辑意义上的综合陈述。这些陈述在量子力学中的用途将在 222 页说明。

第三类包括只能是真或是不确定的陈述。在二值逻辑的综合陈述的两个性质中,即在有时是真有时是假这两个性质中,这类陈述只具有前一个性质;因此可以把它们叫做**半综合**陈述。

矛盾陈述的循环否定或直接否定是同语反复;同样,非综合陈述的完全否定也是同语反复。综合陈述简单地加上一个否定号后不能成为同语反复陈述。

一切量子力学陈述都是上述意义的综合陈述。它们都是有关物理世界的断言。反之,如果一个陈述能被断言,它就必须在真值表相应一栏中至少有一个 T 值。断言一个陈述就意味着它的 T 事例中有一个成立。因此矛盾陈述和非综合陈述都是**不可断言的**。另一方面,同语反复陈述和半综合陈述是**反驳不了的**;它们不能是假。但尽管同语反复陈述一定是真,半综合陈述却不一定是真。因此,当我们断言半综合陈述时,这个断言是有**内容**的,就是说,它不像同语反复陈述那样是**空**的。正因为这个缘故,我们才把半综合陈述包括到综合陈述中;一切综合陈述都是有内容的,而且只有这类陈述才是有内容的。

在三值逻辑中,真值 T 的独特地位赋予同语反复式以类似于它们在二值摧辑中所保持的那种地位。这些公式是永真的,因为对基本命题各个真值的一切组合说来,它们都有真值 T。和以前一样,同语反复性的证明也可根据真值表通过事例的分析作出。事例分析要包括基本命题具有真值 I 的那些组合。现在我们按照 §31 中二值同语反复式(1)—(12)的次序,把三值逻辑中几个比较重要的同语反复式介绍如下。

同一律当然仍成立:

$$A \equiv A \qquad (4)$$

双重否定律对直接否定号仍然成立:

$$A \equiv -- A \qquad (5)$$

155 对循环否定号。我们有**三重否定律**:

$$A \equiv \sim\sim\sim A \qquad (6)$$

对完全否定号,双重否定律采取如下形式:

$$\overline{A} \equiv \overline{\overline{\overline{A}}} \qquad (7)$$

应当注意,从(7)式不能推出公式 $A \equiv \overline{\overline{A}}$,因为 $\overline{A}$ 不能用 A 来代替;因此这个公式事实上并非同语反复式。所以我们说双重否定律并不**直接**有效。容许的代换是用 $\overline{A}$ 代替 A;因此我们可以在(7)式两端相应地增加完全否定号的数目。完全否定号的这个特点可用如下的事实来解释:一个陈述上面画上这个否定号后即变为半综合陈述;再加上这些否定号只会使真值轮流在真和不确定之间变动。

循环否定和完全否定之间有如下的关系:

$$\overline{A} \equiv \sim A \vee \sim\sim A \qquad (8)$$

排中律对直接否定不成立,因为 $A \vee -A$ 是综合式。至于循环否定,我们有排四律(quartum non datur):

$$A \vee \sim A \vee \sim\sim A \qquad (9)$$

这个公式的后两项可根据(8)改为 $\overline{A}$;因此对完全否定号我们有下列公式,它称为**假排中律**:

$$A \vee \overline{A} \qquad (10)$$

这个公式说明"完全否定"的名称是正确的,同时说明为什么要引入这种否定;(10)所以能成立是由于(8),因此后者可以看作完全否定的定义。我们给它选用这个名称是为了指出公式(10)并不具有二值逻辑中排中律的性质。理由在于完全否定词并不具有普通否定词的性质；它不能使我们根据 $\overline{A}$ 为真的知识推知 A 的真值。这可从(8)式看出：如果知道 $\overline{A}$，那我们只知道 A 不是假便是不确定。这种两义性还表现在如下的事实中：对完全否定无法定义逆运算，即无法定义从 $\overline{A}$ 导致 A 的运算。这种运算是不可能有的，因为它的真值表会使 $\overline{A}$ 具有真值 T，可是 A 的真值有时是 I，有时是 F。

　　矛盾律采取如下形式：

$$\overline{A.\overline{A}} \tag{11}$$

$$\overline{A.\sim A} \tag{12}$$

$$\overline{A.-A} \tag{13}$$

德·摩根规则仅仅对直接否定号成立：

$$-(A.B) \equiv -A \lor -B \tag{14}$$

$$-(A \lor B) \equiv -A.-B \tag{15}$$

两个**分配律**仍然成立，且其形式与二值逻辑中的相同：

$$A.(B \lor C) \equiv A.B \lor A.C \tag{16}$$

$$A \lor B.C \equiv (A \lor B).(A \lor C) \tag{17}$$

调位律采取两种形式：

$$-A \supset B \equiv -B \supset A \tag{18}$$

$$\overline{A} \to \overline{B} \equiv \overline{B} \to A \tag{19}$$

因为双重否定律(5)对直接否定号成立，故(18)式也能写成下列形式：

$$A \supset B \equiv -B \supset -A \tag{20}$$

156

这是在(8)式中用－A 代替 A 时必然得到的结果。但对(19)而言不存在类似的形式,因为双重否定律对完全否定号不是直接有效的。

等值式之分解 仅对标准蕴含式与标准等值式保持通常的形式:

$$(A \equiv B) \equiv (A \supset B) \cdot (B \supset A) \tag{21}$$

二中择一蕴含式和二中择一等值式之间也有相应的关系,但其形式比较复杂:

$$(A \equiv B) \equiv (A \rightleftarrows B) \cdot (-A \rightleftarrows -B) \tag{22}$$

双箭头的意思是指双方有蕴含关系。这种双重蕴含式并无等值式的性质,因为在其真值表相应一栏中除了第一行、中间一行和最后一行以外其他各行还有 T 值。加上第二项后,这些其他的 T 值即被除去,从而变为二中择一蕴含式一栏。对双重标准蕴含式而言(二值的蕴含式也一样),(22)式右端所出现的第二项可以省去,因为这一项可以借助调位规则(20)从第一项自然推得。至于双重的二中择一蕴含式,情况就不是这样了。这种关系式只是说如果 A 为真则 B 为真,如果 B 为真则 A 为真;但当 A 和 B 取其他真值之一时结果如何,它就不能说什么了,因此要相应地加上(22)式右端第二项。

蕴含式之分解 对二中择一蕴含式采取如下形式:

$$A \rightarrow B \equiv \sim -(\overline{A} \vee B) \tag{23}$$

归谬法 有两种形式:

$$(A \supset \overline{A}) \supset \overline{A} \tag{24}$$

$$(A \rightarrow \overline{A}) \rightarrow \overline{A} \tag{25}$$

除了同语反复式之外,还有些只能有两个真值的公式也特别有用。其中特别重要的是真-假陈述或普通综合陈述。下面的公式就是一个例子：

$$\sim\sim(\sim A \vee \sim\sim A) \tag{26}$$

它在 A 跑过全部三个真值时，只取真值 T 和 F。这种陈述的存在表明，三值逻辑的陈述中也包括一类陈述具有普通逻辑的二值性。在这类陈述的公式中，排中律对直接否定号是成立的。因此，若 D 是一个真-假公式，例如是公式（26），则公式

$$D \vee -D \tag{27}$$

是同语反复式。

其他的二值公式可以很容易地用下面的办法变为真-假公式：非综合公式 A 在其真值表中有两个真值 I 和 F，它可以变为真-假公式 $\sim A$；半综合公式有两个真值 I 和 T，它可以变为真-假公式 $\sim\sim A$。

现在我们转到并协性的公式表示。两个陈述称为并协的，如果它们满足下列关系：

$$A \vee \sim A \rightarrow \sim\sim B \tag{28}$$

左端当 A 为真和 A 为假时都为真；因此无论 A 是真假，右端都一定是真。这仅当 B 为不确定时才能如此。当 A 不确定时，左端也不确定；按照二中择一蕴含式的定义，这时我们对右端没有限制。所以（28）可以读作：如果 A 为真或为假，则 B 不确定。

用 $\sim\sim A$ 代替（8）式中的 A，并利用（6）可以推知：

$$\overline{\sim\sim A} \equiv A \vee \sim A \tag{29}$$

所以（20）式也能写成下列形式：

$$\overline{\sim\sim A} \rightarrow \sim\sim B \tag{30}$$

应用(19)可知,(30)式在同语反复的意义上等价于

$$\overline{\sim \sim B} \rightarrow \sim \sim A \tag{31}$$

用 B 代替(29)中的 A,(31)式即可改为

$$B \vee \sim B \rightarrow \sim \sim A \tag{32}$$

158 因此,(32)在同语反复的意义上等价于(28)。[①] 所以并协性条件对 **A 和 B 是对称的;如果 A 是 B 的并协陈述,则 B 也是 A 的并协陈述。**

　　正如真值不确定之与真和假两个值一样,并协关系也是三值逻辑的一个特点,在二值逻辑中是没有类似关系的。因为这个关系在 A 和 B 的真值表中确定有一栏,所以我们可认为它确定着一种逻辑运算,反映着 A 和 B 之间的并协性,并可引用一个特别的符号表示它。但是,比较方便的做法似乎是省掉这个特殊符号,而仿照二值逻辑中某些运算所用的相应程序那样,把这种运算用其他运算表示出来。

　　现在我们可以把量子力学的并协规则陈述如下:如果 u 和 v 是不可对易的实体,则

$$U \vee \sim U \rightarrow \sim \sim V \tag{33}$$

这里 U 是一缩写,表示陈述"第一个实体具有数值 u";而 V 表示"第二个实体具有数值 v"。由于并协关系具有对称性,所以(33)式也能写成:

$$V \vee \sim V \rightarrow \sim \sim U \tag{34}$$

此外,我们也能用(30)和(31)两种形式。

---

① 如果在(28)和(32)中用标准蕴含号代替二中择一蕴含号,就导不出这个结果。

这里用公式(33)和(34)成功地表示了对象语言中的并协规则。因此这个规则所陈述的是一物理规律,具有和其他一切物理规律相同的形式。为了证明这点,让我们用如下一个规律作为例子:如果物理体系是封闭的(陈述 a),则其能量不变(陈述 $\bar{b}$)。这个规律属于二值逻辑的范围,它可用符号写成:[①]

$$a \supset \bar{b} \qquad\qquad (35)$$

这个陈述与(33)或(34)是属于同一型式的。因此我们不必要采取**语义学的形式**把(33)读作:"如果 U 是真或是假,则 V 不确定",而可以用对象语言把它读作:"U 或次于 U 蕴含次于次于 V"。

并协规则(33)也可推广到命题函数上。我们的陈述 U 可用函数形式写成:

$$Vl(e_1,t) = u \qquad\qquad (36)$$

意思是"实体 e_1 在时刻 t 的数值是 u"。式中所用的符号"$Vl(\ \ )$"称为**函子**;意思是"某某的数值"[②],它同样适用于别的实体。于是并协规则可表为如下形式:

$$(u)(v)(t)\{[Vl(e_1,t)=u] \lor \sim [Vl(e_1,t)=u] \to$$
$$\to \sim\sim [Vl(e_2,t)=v]\} \qquad\qquad (37)$$

符号 $(u),(v),(t)$ 表示全称算符,和二值逻辑中一样,它们读作:"对一切的 u"……"对一切的 t"。

并协关系不仅限于两个实体;两个以上的实体之间也可以有

---

①　我们简化了这个例子。完全的记法要用命题函数。

②　函子在三值逻辑中的用法与它在二值逻辑中用法的区别是:仅当陈述(36)为真或为假时,我们才能断言函子所指定的确定数值是存在的,虽然(36)的不确定性也包括关于数值存在的陈述的不确定性。我们这里不打算给出这个规则的公式表示。

这种关系。例如角动量的三个分量是不可对易的,每个分量与其他两个当中的任何一个都是并协的(参看 110 页)。为了表示三个实体 u, v 和 w 的这种关系,除了(33)之外还要加上两个关系:

$$V \vee \sim V \rightarrow \sim \sim W \qquad W \vee \sim W \rightarrow \sim \sim U \qquad (38)$$

前面已经指出,其中每个关系都可以颠倒过来说。因此(33)和(38)三个关系是说:如果三个陈述之一是真或是假,则其他两个不确定。

　　因为二中择一蕴含号是(33)和(34)中的**主要运算号**[①],所以这些公式只能是真或是假,而不能是不确定。因此并协规则尽管涉及全部三个真值,但它本身是一个真-假公式。因为量子力学已经认为它是真,所以它具有二值综合陈述的真性。由此可见,我们对量子力学通常概念中所蕴含的并协规则的这种解释,表现为我们三值逻辑解释的一个逻辑后承。[②]

　　这个结果表明,第三个真值的引入并没有使得量子力学的全部陈述成为三值的。如前所述,三值逻辑的范围相当广泛,也包括

---

　　① 即把公式划分为两个主要部分的运算号。

　　② 可以证明,(28)和(32)的真-假性不一定非限于我们给予箭头形蕴含式的那种特殊形式不可。只要引入下列假定,就保证有真-假性:(一)、并协关系对 A 和 B 是对称的,即(28)等值于(32);(二)、如果(28)中的 A 为不确定,则 B 可能取三个真值当中的任何一个;(三)、(28)所表示的蕴含式当蕴含部分和被蕴含部分二者都真时便为真,当蕴含部分为真被蕴含部分为假时则为假。这里仅仅提示一下证明的方法。假定(二)要求箭头形蕴含式在 A 为不确定的三个事例中是 T;假定(三)要求箭头形蕴含式一栏中第一个数值是 T,第三个数值是 F。可以证明,由于这一结果,(28)的九个事例中有七个可确定,它们仅含 T 和 F。于是根据第一假定,(28)中未定的事例(T, F)必须等于事例(F, T),因此被定为 F。然后我们能证明,为了给出这一结果,箭头形蕴含式顶上第二个数值必须是 F。因此,(28)式最后一个事例即(F, F)事例被定为 F。箭头形蕴含式不完全取决于上述假定;它的最后三个数值可以任意选择。

一类真－假公式。当我们想把全部量子力学陈述纳入三值逻辑 160
时,主要就是为了把那些称之为量子力学**规律**的陈述列为真－假
一类陈述。而且关于 ψ 函数的形式的陈述,以至关于观测数值的
几率的陈述,也将出现在这类陈述中。唯有关于这些数值本身的
陈述才具有表 2 所确定的三值性。

§33. 通过三值逻辑消除因果异常

我们用以上的公式概括描述了三值逻辑对量子力学的解释。
我们看到,这个解释满足我们对科学理论的逻辑形式所能合理表
示出来的愿望,同时不超出玻尔－海森堡解释所划定的知识界限。
后一解释中"无意义的陈述"这一术语在我们的解释里被改为"不
确定的陈述"。这有一个优点,就是这些陈述可以归并到物理学的
对象语言中,并且能借助逻辑运算把它们与其他陈述结合起来。
这种结合是"没有危险的",因为它们不能用来导出我们不希望得
到的结论。

例如,两个并协陈述用联结词"与"结合起来绝不能是真。这
是我们的解释的必然结果,因为公式

$$[A \lor \sim A \rightarrow \sim \sim B] \rightarrow \overline{A.B} \tag{1}$$

是同语反复。它不是等值式,因此并协条件不能改为条件$\overline{A.B}$。
但是,蕴含式(1)保证两个并协陈述不能并真。这样的结合可以是
假,但仅当关于观测实体的陈述是假时它才能是假。例如,如果已
知 q 的测量结果是数值 q_1,我们就可以肯定地说,"q 的数值是 q_2
与 p 的数值是 p_1"这一陈述是假。同样,当我们把"q 的数值是 q_1

或 p 的数值是 p_1"这个用"或"字结合起来的陈述在 q 的测量已给出数值 q_1 **之后**看作是真时,那也是没有危险的。因为这样的陈述并没有关于 p 的数值说出什么。

此外,§32 的(24)或(25)式中的归谬法也不能用来作为间接证明的方法。如果我们借助归谬法证明了 $\overline{A}$ 是真,我们不能推论说 A 是假;A 也可能是不确定。同样不能构想有一种析取推导的方法,根据 C 在 B 真和 B 假两种情况下是真这一点来证明陈述 C 一定是真;这时我们所能证明的只是下列关系:

$$B \vee - B \supset C \tag{2}$$

161　因为蕴含部分不一定是真,所以不能由此一般地推论说 C 一定是真。

这清楚地说明了二值逻辑与三值逻辑之间的差别。在二值逻辑中,当下列关系已被证明时陈述 C 即被证明:

$$b \vee \bar{b} \supset c \tag{3}$$

因为式中的蕴含部分是同语反复。在三值逻辑中类似于(3)的是下列关系

$$B \vee \overline{B} \supset C \tag{4}$$

按照 §32 的(8),它相当于

$$B \vee \sim B \vee \sim\sim B \quad \supset \quad C \tag{5}$$

当我们证明了(5)时,C 即被证明,因为式中的蕴含部分是同语反复。但这意味着为了证明 C,我们必须证明 C 在 B 真、B 假和 B 不确定这三种情况下部是真。量子力学的分析表明,这个证明当 C 所表述的是因果异常时将无法作出;这时我们所能证明的不是(5),而只是关系式(2),或是它的推广形式,下面我们就来研究这

一推广形式。

为此目的我们必须弄清**析取式**的几个性质。让我们引入下列术语,它们同时适用于二值逻辑和三值逻辑。

n 项的析取式称为**封闭的**,如果当 $n-1$ 项都为假时第 n 项一定是真。

析取式称为**互斥的**,如果当一项是真时其他诸项一定是假。

析取式称为**完全的**。如果诸项之一一定是真;换句话说,如果析取式是真。

在二值情况下,前两个性质可表为下列关系

$$b_1 \equiv \bar{b}_2 . \bar{b}_3 \cdots \bar{b}_n$$
$$b_2 \equiv \bar{b}_1 . \bar{b}_3 \cdots \bar{b}_n$$
$$\cdots\cdots\cdots\cdots\cdots \tag{6}$$
$$b_n \equiv b_1 . \bar{b}_2 \cdots \bar{b}_{n-1}$$

如果一个析取式满足这些关系,则当我们把(6)中的等值号读作从右到左的蕴含号时,便表示析取式是封闭的;当我们把等值式读作从左到右的蕴含号时,便表示析取式是互斥的,不难证明,如果关系(6)成立,析取式

$$b_1 \vee b_2 \vee \cdots \vee b_n \tag{7}$$

一定是真。这个结果甚至当我们把(6)中的等值号仅仅看作从右到左的蕴含号时也能导出来。换言之,封闭的二值析取式也是完全的,反之亦然。这就是我们在二值逻辑中不需要把"封闭"和"完全"两个术语区别开来的原因。我们还能证明,(6)中可以省略掉一个关系,因为它可以从式中的其他关系推出。

在三值情况下,析取式的封闭性和互斥性由下列关系确定:

$$B_1 \rightleftarrows - B_2. - B_3 \cdots - B_n$$

$$B_2 \rightleftarrows - B_1. - B_3 \cdots - B_n$$

$$\cdots\cdots\cdots\cdots\cdots\cdots\cdots \tag{8}$$

$$B_n \rightleftarrows - B_1. - B_2 \cdots - B_{n-1}$$

同样，当我们使用从右到左的蕴含号时，(8)表示析取式的封闭性；当我们使用从左到有右的蕴含号时，它表示互斥性。

可以看出，这里与二值的情况有一个重要区别。从(8)不能推得析取式

$$B_1 \vee B_2 \vee \cdots \vee B_n \tag{9}$$

一定是真的结论。这个析取式可能是不确定的。当 B_i 中有些是不确定而另一些是假时，便出现这种情形。我们从(8)所能推知的只是：并非所有的 B_i 都能同时是假，也就是说析取式不能是假；但因为它可能是不确定，所以我们不能推论说析取式是完全的。因此，在三值逻辑中我们必须把**封闭性**和**完全性**两个性质区别开来；封闭的析取式不一定是完全的。此外还有一点和二值的情况不同，就是条件(8)彼此独立，即任何一个条件都省略不掉。这是显然的，因为如果把(8)中最后一行省掉的话，其余的条件就会在 $B_1 \cdots B_{n-1}$ 为假而 B_n 不确定时满足，而这是(8)中最后一行所排斥的解。

析取式 $B \vee - B$ 是封闭互斥析取式的一个特例。相应于(2)的是下列关系：

$$B_1 \vee B_2 \vee \cdots \vee B_n \supset C \tag{10}$$

同样，当 $B_1 \cdots B_2$ 构成封闭互斥的析取式时，这个关系的证明并不代表 C 已证明，因为蕴含部分可能是不确定的。仅当蕴含部分是完全的析取式时，才会导致 C 的证明。

现在我们举一个例子来说明,析取式封闭性和完全性的区分使我们能消除量子力学中的某些因果异常。

让我们来看看推广形式的§7的干涉实验,实验是使用 n 个狭缝 $B_1 \cdots B_n$。令 B_i 表示如下的陈述:"粒子通过了狭缝 B_i"。在屏上观测到一个粒子以后,我们就知道析取式 $B_1 \vee B_2 \vee \cdots \vee B_n$ 是封闭的和互斥的;这就是说,我们知道要是粒子没有通过 $n-1$ 个狭缝的话,它就通过第 n 个狭缝,并且知道如果它通过了狭缝之一,它就没有通过其他狭缝。换言之,在屏上观测到粒子就意味着关系式(8)成立。但因为从这些关系不能推得析取式(9),所以我们不能认为后者是**完全**的或是**真**的;我们只能说它**不是假**的。它可能不确定。如果我们未曾在某个狭缝附近观测粒子,情况就会是这样。

如果我们在第 n 个狭缝附近进行观测,结果发现粒子没有通过这个狭缝的话,析取式也会是不确定的。这样的观测当然会对屏上的干涉图案有干扰。但我们迄今仅仅是讨论析取式的真假性问题。如果得到否定结果的观测是在少于 $n-1$ 个狭缝附近进行的,那么其余的狭缝仍会产生正常的干涉图案。这个事实表现在如下的逻辑事实中:在此情况下,余下的析取式是不确定的。仅当我们在 $n-1$ 个狭缝附近进行观测并且得到的是否定结果时,才能知道粒子通过的是第 n 个狭缝;这时析取式是真。另一方面,如果在一个狭缝附近观测到粒子,我们就知道粒子没有通过其他狭缝,这时析取式也是真。

尽管析取式(9)可能是不确定的,但我们关于陈述 $B_1 \cdots B_n$ 之间的关系的知识并非不确定,而是真的或假的。这可从关系式(8)看出：(8)的主要运算号是二中择一蕴含号,它表示一个真–假公式[1]。

在 $n=2$ 的情况下,关系(8)是很简单的。这时我们有:

$$
\left. \begin{array}{c} B_1 \rightleftarrows - B_2 \\ B_2 \rightleftarrows - B_1 \end{array} \right\} \tag{11}
$$

利用 §32 中的(22)和(5),这一关系能写成如下形式:

$$
B_1 \equiv - B_2 \tag{12}
$$

这意味着 B_1 等值于负 B_2 或 B_2 之直接否定。我们将把这种关系称为**直接析取**,可以把它看作二值逻辑中互斥的"或"之三值推广。在直接析取的情况下,我们知道 B_1 当 B_2 假时便真,当 B_2 真时便假,当 B_2 不确定时则为不确定。这正好表示这时的物理状态。当观测在某一狭缝附近进行时,有关粒子通过另一狭缝的陈述就不再是不确定的了,而不管在前一狭缝附近的观测结果是肯定还是否定的。我们看到,这种特殊形式的析取式乃是一般条件(8)在 $n=2$ 的情况下的必然结果。[2]

164

---

[1] 和以前一样,这些公式的真–假性不是我们故意引入的,而是根据其他理由考虑的结果。假如在(8)中使用双重的标准蕴含号,那么按照 §32 的(21),(8)所表示的就会是标准等值式;这时只有一种情况使析取式(9)成为不确定,就是一切的 B_i 都不确定的情况。但我们此外也需要有些情况,其中 B_j 是假而其他的 B_i 不确定,理由如上所述。

[2] 我曾经把这些结果写信告诉了塔尔斯基博士,他提醒我注意如下的事实:对内涵的"或"也可能定义一种类似的推广。这时是把表 4B 中析取式一栏中间一行的"I"改为"T",而让所有其他的事例保持不变。这种"或"可以称之为"近似的或"。它的意思是:两个命题中至少有一个是真的或二者都不确定。可以证明,这种运算符合交换律和结合律,但不符合分配律或反身律(后一术语的意思是:"近似的 A 或 A"不同于"A")。当"近似的或"应用到两个以上的命题时,它意味着"至少有一个命题是真的或至少有两个命题不确定"。因此,用"近似的或"写成的析取式所表示的就是我们前面称之为封闭析取式的那种关系。可以证明,如果关系(8)成立,$B_1 \cdots B_n$ 便构成这种析取式。后一陈述当然不等价于关系(8),而只是后者的一个推论。

现在让我们再来看看这个结果与几率关系的联系如何。利用 §7 中的表示方法,一个从辐射源 A 发出的粒子将通过狭缝 B_1 或狭缝 B_2 或……或狭缝 B_n 到达 C 的几率可由下一公式确定:[①]

$$P(A.[B_1 \vee B_2 \vee \cdots \vee B_n],C) = \frac{\sum_{i=1}^{n} P(A,B_i) \cdot P(A.B_i,C)}{\sum_{i=1}^{n} P(A,B_i)}$$

(13)

这个公式是微粒叠加原理的数学表示;后者是说,当全部狭缝同时开放时,屏上出现的统计图案乃是仅仅开放一个狭缝时所得个别图案之叠加。然而,公式(13)仅当 A 和 $B_1 \vee B_2 \vee \cdots \vee B_n$ 两个陈述都真时才能用。现在,A 是真的,因为它是说粒子来自辐射源 A。但我们前面看到,$B_1 \vee B_2 \vee \cdots \vee B_n$ 不能被证明为真。因此 (13)式不适用于全部狭缝都开放的情形。这种情况下的几率必须用其他方法算出,而不是取决于微粒叠加原理。我们看到,这里并没有导出什么因果异常。

通过这个途径所以能消除因果异常,可认为是由于基于蕴含式(10)的推理是不可能的,这只要把(10)式中的 C 解释为如下的意义就可以了:粒子的几率等于(13)的数值。这样一来,推理就无效了,因为(8)式所表示的知识并不证明蕴含式(10)左端为真。

在光栅的例子中,我们是把关系(8)应用到粒子具有分立位置的情形。它也能用于粒子的可能位置是连续序列的情形,例如当

---

① 参看作者的 *Wahrscheinlichkeitalehre*(Leiden,1935),(4),§22。

位置的观测进行得不精确时便有这种情形。在这情形下，通常都是说粒子的位置局限在间隔 Δq 之内，不过我们不知道它在这间隔中的哪一点。加上后一陈述表示用到了详尽解释。在有限解释中，我们也说粒子的位置局限在间隔 Δq 之内，但是用不着这个附加陈述，因为我们不能说粒子处在间隔中的一个特定点上。这时我们应当把"在间隔 Δq 之内"这个片语的意思定义为：当此间隔分割成 n 个彼此相邻的微小间隔 $\delta q_1 \cdots \delta q_n$ 时，关系(8)对于以"粒子位于 δq_i 之内"这样的片语造成的陈述 Bi 仍然有效。我们看到，"粒子的位置测量到准确度 Δq"这一陈述就是这样用三值逻辑来解释的。这个陈述本身非真即假，因为关系(8)非真即假。但因为我们从(8)只能推知析取式是封闭的，而它不一定是完全的，所以这个陈述不能改成如下的断言："粒子位于间隔 Δq 中的一点并且仅仅位于一点"。正是由于导不出这个结论，使我们不可能断言因果异常。

用同样方法也能消除其他的异常。作为另一个例子，让我们来考虑与势垒问题有关的异常。势垒就是一种势场，其指向使得沿给定方向运动的粒子被减速，例如从真空管灯丝发出的电子为栅极负电压所减速。在经典物理中，粒子的动能至少要等于它到达势垒最高处所获得的附加势能 H_0，它才能通过势垒。量子力学则可证明：如果在势垒之内测得粒子具有小于 H_0 的动能[①]，则以后也能有一定几率在势垒之外发现它[*]。这个结果不仅是量子力学的数学结论（甚至在线性振子这样简单的情况下也能导出

---

① 这里所说的动能应是指粒子在势垒之外时的动能。——译注

来),而且按照伽莫夫,它的正确性已经得到了放射性衰变规律的证明。值得注意的是,这一悖论不能靠适当地假定测量有干扰的办法来解决。让我们考虑一群具有相同能量 H 的粒子,设 $H <H_0$。为了证明每个粒子都有相同的能量 H_0,我们可以测量每个粒子的能量,也可以从一群在充分相同的条件下产生的粒子中取出相当多的例样。按照 184 页上所作的考虑,我们要把测量到的数值 H 看作测量**之后**的能量值。粒子通过测量地区以后便进入势垒区。我们在势垒之外甚至在远离势垒处测量粒子的位置,测量使得粒子的位置定域在该处。由于距离势垒很远,这一位置的测量不能引入附加的能量使粒子在到达势垒之前的能量有所增加;这意味着我们不能假定是由于位置的测量把粒子拉过势垒的,因为这个假定本身就表示一种因果异常,即表示超距作用。我们倒应当说,这个悖论乃是微粒解释的内在困难之表现。它是微粒解释不能毫无因果异常地贯彻到底的许多例子之一。这个例子中的异常是违反能量守恒原理,因为我们不能说粒子在它所通过的势垒中具有负动能。从动能取决于速度之平方的事实可知,这样的假定会导致粒子的速度是虚数,而这个结论与粒子时空方面的本性不相容。

　　但是,如果采用基于三值逻辑的有限解释,我们就不能说这是因果异常了。要求动能与位能之和等于常数的原理关连到动量和位置的同时数值。如果测量二者之一,关于另一实体的陈述就必定是不确定的,因此关于两者数值之和的陈述也会是不确定的。这说明有限解释把能量守恒原理从真陈述的领域中取消了,但并不是把它改成假陈述,而是把它改成不确定的陈述。

这个悖论显得有些奇怪的地方是：我们似乎不必进行速度的测量，就能知道粒子在通过势垒时违反能量守恒原理。如果我们所知道的只是粒子在该点的速度为任一实数，包括零在内，那当然就违反能量守恒原理。这个推理的错误根源就在于有限解释所抛弃的那个假定，就是：测量之外的速度至少要有一个确定的实数作为它的值。诚然，我们知道速度不能是虚数；但是从这点只能推论说，"速度有一个实数作为它的值"这一陈述不是假。可是如果没有测量速度的话，它将是不确定的。这很明显，只要把这个陈述看作封闭的析取陈述"速度的数值是 v_1 或 v_2…"就可以了，[①]因为后者是不确定的，理由已在前一例子中说过。

我们看到，三值逻辑乃是量子力学体系的一个适当形式，用它是导不出因果异常的。

§34. 观测语言中的不确定性

前面说过，量子力学的观测语言是二值语言。这样说虽然大体是对的，但需要作些修正。如果考虑像 §30 所提出的那种问题，即考虑如何验证基于几率所作预言的问题，我们就会看到有这个必要了。对这类问题说来，并协关系甚至把不确定性也引入到观测语言中。

让我们考虑两个观测语言的陈述："如果进行了测量 m_q，指针

---

① 　这里，更正确的说法应当是实际的陈述，而不是真有无限多项的析取陈述。但是上述考虑显然也适用于实际的陈述。

将指示出数值 q_1"，"如果进行了测量 m_p，指针将指示出数值 p_1"。[167] 我们知道，这两个陈述不可能同时证实。这里的情况不同于§30 所举的皮特或约翰掷骰子的例子；我们说过，在后一情况下，关于皮特所掷结果的陈述原则上是能借助别种物理观测证实的，甚至在皮特掷骰子之前就能这样。可是两个关于测量的观测陈述的结合，即使在原则上也是不可能证实的。因此我们必须承认观测语言中也有并协的陈述。

观测语言中的并协陈述**并不等于**如下两个陈述："指针将指示出数值 q_1"和"指引将指示出数值 p_1"。这些陈述是能同时证实的，因为即便在测量还没有进行时，指针也会指示出或不指示出所说的数值。确切的说法应当是，m_q **蕴含** q_1 和 m_p **蕴含** p_1 这两个蕴含关系是并协的。因此观测语言中有一种蕴含关系是三值的，它的真值可能是不确定。

这种蕴含关系的性质如何呢？ 它肯定不是二值逻辑真值表（表 $3B$，208 页）中实质的蕴含关系，因为后者当蕴含部分是假时便真。因此如果把

$$m_p \supset p_1 \qquad\qquad (1)$$

设想为实质的蕴含式，则当完成了测量 m_q 时它便真，因为这时陈述 m_p 是假。为了消除这个困难，我们不能企图把蕴含式(1)解释为**同语蕴含式**或**名称蕴含式**（即物理规律的蕴含关系）。[①] 这种解释虽然在实质的蕴含关系显得不合理的某些其他场合表明是一个满意的解释，但它不适用于(1)，因为这个公式所示的蕴含关系不

————————

① 作者特在以后的著作中给出名称蕴含式的完全定义。

具有必然性。

现在，如果我们试图把蕴含式(1)解释为三值逻辑中的标准蕴含或二中择一的蕴含关系，那也会和二值的实质蕴含式情况一样，导致同样的困难。因为 m_p 和 p_1 两者都是二值陈述，所以我们在三值的真值表中(211页，表4B)只能用到前两种蕴含式各栏中不含真值 I 的那几行；但对这几行说来，这两种蕴含式都相当于二值的真值表(表3B)中实质的蕴含式。因此只剩下一种准蕴含式可用，即(1)式应改为下列关系：

$$m_p \supset\!\!\!\ni p_1 \tag{2}$$

168 这种蕴含式具有所要求的性质，因为取消表中前两种蕴含式各栏中含有 I 的几行以后，得到的便是如表5所列出的蕴含关系。因此(2)式相当于我们所要说的，即：我们把 m_p **蕴含** p_1 这一陈述看作是仅当 m_p 为真时才能被证为真或被证为假的陈述，而当 m_p 是假时要把它看作不确定的。

表 5

a	b	准蕴含式 $a \supset\!\!\!\ni b$
T	T	T
T	F	F
F	T	I
F	F	I

这表明量子力学的观测语言并不完全是二值的。基本陈述虽然是二值的，但这种语言包含有这些陈述的三值结合，它们是由准蕴含号建立起来的结合。因此，二值逻辑的真值表3B(208页)必

须用准蕴含式的三值真值表（表5）来补充。①

由此可见,量子力学的三值逻辑结构甚至也有一小部分渗入到观测语言中。虽然量子力学的观测语言在统计上是完全的,但它相对于严格决定论说来不是完全的。它含有三值的蕴含词。要是微观世界里没有不确定关系,这种三值的蕴含词就可以不用;这时"m_q 蕴含 q_1"这一蕴含关系就可以解释为名称蕴含关系,它在原则上是能被证为真或被证为假的。但在我们上述那种观测关系中,微观宇宙的测不准性渗入到宏观宇宙。对一切其他能使原子事件表现为宏观过程的安排说来也有同样情形。这些安排不一定是测量;它们也可以是灯的点燃、炸弹的投掷等等。因此,在微观尺度上作不出严格预言的事实,也促使我们要修改宏观宇宙的逻辑结构。

169

§35. 可测性的限度

以上关于详尽解释和有限解释的探讨,促使我们要去修正不确定原理的表述方式。以前我们把这个原理说成是对同时测量参量数值的限制;这相当于海森堡对这个原理的陈述形式。现在我

---

①　表5中的准蕴含式和作者过去在几率逻辑理论中提出的运算相同[参看 *Wahrscheinlichkeitslehre*（Leiden,1935）,381 页,表 II_c],所用的符号也相同。它可以看作几率蕴含式在假定几率只能等于1和0时的极限情形。它也可以看作一般几率蕴含运算中的个别运算;在此运算中,确定几率时只要考虑准蕴含式的 T 事例和 F 事例,而不要考虑 I 事例。在这个意义上说,我在我的论文"Ueber die semantische und die Objectauffassung von Wahrscheinlichkeitsausdrücken"[*Journ. of Unified Science*, *Erkenntnis*,VIII（1939）,61—62 页]中就已经用过准蕴含运算了,那里是把它称为逗点运算或选择运算。

们来讨论这样一个问题：采取这种表述形式的不确定原理的基础是详尽解释还是有限解释呢？

假定我们从一般的情态 s 出发，并考虑属于 s 的两个几率分布 $d(q)$ 和 $d(p)$，这些分布涉及对 s 类型的体系所作测量的结果。因此，如果应用 §29 的定义 4，即把测得的数值仅仅看作测量之后的数值，那么，我们得到的数值就不是指情态 s 中所存在的值，因而两个分布所涉及的也不是属于同一情态的数值，而应当说，这些分布涉及的 q 值和 p 值分别隶属于两个不同的情态 m_q 和 m_p。这样，我们就不能说分布 $d(q)$ 和 $d(p)$ 之间的反比性相关关系是表示同时测量这些数值的限度，而必须把测不准关系表述为我们在两个不同情态下所能获得的数值的限度。由此可见，通常把海森堡原理解释为测量同时数值的限度乃是预先假定了 §25 的定义 1，而不是预先假定 §29 的定义 4，因为只有用前一个定义才能把测量 m_q 和 m_p 的结果解释为测量操作之前就存在的，因而才能解释为情态 s 所具有的结果。所以，如果要把 §3 中海森堡不等式(3)看作一个剖面性定律，认为是同时测量参量数值的可能性的限制，那么，这种解释的基础乃是 §25 的定义 1 所表示的详尽解释。

但我们曾在 §25 看到，如果假定了后一定义，我们就可以说同时数值是准确确定的，只要我们所考虑的是两次测量之间的情态，并且加上一个限制：测得的数值结合所属的情态在我们获知这些数值的时候便不再存在。所以对这些数值讲来海森堡原理是无效的。由此可见，测不准原理必须有条件地来表述：这个原理表示**在我们获知同时数值的当时**所存在的这些数值的可测性的限度。

如果测量过去的数值,那是没有限制的;只是现有的数值才不能精确地测定,非要受§3中海森堡不等式(3)的限制不可。这种有条件的限制当然是以限制未来状态的可预言性;因为过去数值的知识是不能用于预言的。

这些考虑表明,把海森堡原理看作可测性的限度的概念一定属于详尽解释。在有限解释的范围内我们不能说精确度有限制,因为§3不等式(3)中的偏准偏差 $\triangle q$ 和 $\triangle p$,这时不属于同一个情态。在有限解释中必须说,如果有一个情态,已知其 q 达到 $\triangle q$ 左右的精确度,则此情态下的 p 完全未知,甚至不能说 p 至少处在海森堡不等式所规定的相应于 $\triangle q$ 的间隔 $\triangle p$ 之内。反过来说也一样。这里所谓完全未知,意思是指我们三值逻辑中的范畴**不确定**,或是指玻尔—海森堡解释中的范畴**无意义**。我们看到,在有限解释中,必须放弃通常意义上的海森堡原理。

§36. 相关体系

爱因斯坦,包道尔斯基和罗森在一篇有趣的文章中曾企图证明,[①]如果对"物理实在"这一术语的意义作出某些似乎显然合理的假定,并协实体就一定同时有实在性,即使我们不能知道两者的数值。这篇文章掀起了一场关于量子力学哲学解释的激动人心的论战。尼·玻尔根据他的并协原理对问题提出了自己的看法,[②]

---

① A. Einstein, B. Podolsky, N. Rosen, "Can Quantum Mechanical Description of Physical Reality Be Considered Complete?" *Phys. Rev.* **47**(1935), 777 页。

② N. Bohr, "Can Quantum Mechanical Description of Physical Reality Beality Be Considered Complete?" *Phys. Rev.* **48**(1935), 696 页。

目的是要证明这篇文章的论据是不确实的。薛定谔也披引起了兴趣，对量子力学形式体系的解释问题发表了自己的颇可怀疑的看法。[①] 还有一些其他作者对讨论都分别作了贡献。

本节目的是要说明，如果采用本书探讨中发展起来的概念，这场论战的关键问题就可以说清楚了，而不需要任何形而上学的假定；并且，我们很容易就能回答上面提出的问题。

爱因斯坦、包道尔斯基和罗森在他们的文章中提出了一种特殊的物理体系，可以称之为**相关体系**。这些体系的特点是：在某个时候它们有过物理相互作用，以后就被分开了。但这时它们仍然保持如下的相关关系：测量一个体系的实体 u 能确定另一体系的实体 v 的值，虽然后一体系在物理上并未受到测量操作的影响。171 文章作者们认为，这个事实证明了该实体 u 有其独立的实在性。这一结果甚至显是比较合理的，因为文章所作的证明指出，对同一体系中 u 以外的其他实体（包括不可对易的实体）说来也有同样的相关关系。

我们可以把这些陈述翻译成我们的术语，这时文章的主要内容可以解释成这样的意思：借助相关体系可以证明 §25 定义 1 的必然性，这个定义是说，测得的数值是指测量以前和以后的值。如果我们不把测得的数值也看作测量以前的值，像玻尔－海森堡解释利用 §29 的定义 4 所做的那样，我们就会导致因果异常，因为，这时对一个体系进行的测量会在物理上产生另一体系的实体值，

① E. Schrödinger,"Die gegonwärtige Situation in der Quantenmechanik,"*Naturwissenschaften* **23**(1935),807,823,844 页。我们用"相关体系"这一术语作为薛定谔的"verschränkte Systeme"的译名。

而后一体系在物理上并未受测量操作的影响。这就是文章宣称它已证明了的东西。

为了分析这个论据，让我们先考虑它所采取的数学形式。假定有两个粒子在某个时候发生相互作用；于是它们的 ψ 函数将是六个坐标的函数 $\psi(q_1\cdots q_6)$，其中包括每个粒子的三个位置坐标。在相互作用以后我们把粒子分开，这时 ψ 函数将等于个别粒子的 ψ 函数之乘积[参看 §27,(12)式]。让我们将个别粒子的 ψ 函数用同一实体 u 的本征函数 φ_i 来展开。于是我们有

$$\psi(q_1\cdots q_6) = \sum_i \sum_k \sigma_{ik}\varphi_i(q_1,q_2,q_3)\varphi_k(q_4,q_5,q_6) \qquad (1)$$

式中 σ_{ik} 确定着对第一体系测得数值 u_i **同时**对第二体系测得数值 u_k 的几率 $d(u_i,u_k)$：

$$d(u_i,u_k) = |\sigma_{ik}|^2 \qquad (2)$$

当然我们有：

$$\sum_i \sum_k |\sigma_{ik}|^2 = 1 \qquad (3)$$

现在让我们假定测量了第一体系的 u，得出数值 u_1。这里足标 1 的意思不是指第一个或"最低一个"本征值，而是指测量得到的值。于是我们将有一个新 ψ 函数，使得

$$\sum_k |\sigma_{ik}|^2 = \begin{cases} 1 & \text{当 } i=1 \\ 0 & \text{当 } i\neq 1 \end{cases} \qquad (4)$$

因为测量没有牵涉到第二体系，所以它在(1)中的部分保持不变；因此只要令(1)中全部具有 $i\neq 1$ 的系数 σ_{ik} 的项等于零，就可以得出新 ψ 函数。因此新 ψ 函数具有如下形式：

$$\psi(q_1\cdots q_6) = \sum_k \sigma_{1k}\varphi_1(q_1,q_2,q_3)\varphi_k(q_4,q_5,q_6)$$

$$= \varphi_1(q_1, q_2, q_3) \cdot \sum_k \sigma_{1k} \varphi_k(q_4, q_5, q_6) \tag{5}$$

其中

$$\sum_k |\sigma_{1k}|^2 = \sum_k d(u_1, u_k) = d(u_1) = 1 \tag{6}$$

让我们令

$$\tau_{12}\chi_2(q_4, q_5, q_6) = \sum_k \sigma_{1k} \varphi_k(q_4, q_5, q_6) \tag{7}$$

于是(5)式便化为下列形式：

$$\psi(q_1 \cdots q_6) = \tau_{12}\varphi_1(q_1, q_2, q_3)\chi_2(q_4, q_5, q_6) \tag{8}$$

新 ψ 函数的这一出现有时称为**波包的收缩**。现在,我们可以这样来选择体系的物理条件和测量第一体系的 u 的物理条件:使得 $\chi_2(q_4, q_5, q_6)$ 是实体 v 的本征函数。于是(8)式所代表的乃是 u 和 v 同时有确定值的情态。这意味着(8)所描写的情态相当于同时测量 u 和 v 所得出的情态,虽然我们测量的仅仅是 u。这样我们就知道,如果去测量第二体系的 v,将会得到数值 v_2、

为考虑简单起见,我们可选择实体 u 与实体 v 相同。可以证明,这在物理上是可能的。这意味着我们能创造一些物理条件,使得我们在测量第一体系的 u 之后,得到的是一个除了数值 σ_{12} 之外(1)式中的一切 σ_{ik} 都等于零的 ψ 函数,即有

$$\psi(q_1 \cdots q_6) = \sigma_{12}\varphi_1(q_1, q_2, q_3) \cdot \varphi_2(q_4, q_5, q_6) \qquad |\sigma_{12}|^2 = 1 \tag{9}$$

这里,测量第一体系的 u(结果是 u_1)使得第二体系的 u 确定为数值 u_2;这就是说,如果去测量第二体系的 u,将会得到数值 u_2。

现在我们看出爱因斯坦、包道尔斯基和罗森的结论是怎样引入的了:我们必须假定数值 u_2 在测量第二体系的 u **之前**便已存在

于这个体系中；否则就会导致如下的结论：测量第一体系的 u 不仅能**得出**第一体系的数值是 u_1，而且能**得出**第二体系的数值是 u_2。这会表示一种因果异常，一种超距作用，因为测量第一体系在物理上并不影响第二体系。

文章的主要内容就是根据这种推理导出的。文章接着指出道，对于不和 u 并协的实体 w 说来也能得到类似的结果。令 ω 是 w 的本征函数，并且我们可以不去测量第一体系的 u，而去测量它的 w，结果便得到本征函数

$$\psi(q_1\cdots q_6)=\rho_{12}\cdot\omega_1(q_1,q_2,q_3)\cdot\omega_2(q_4,q_5,q_6) \qquad (10)$$

因此我们可以自由选择：要么去测第一体系的 u，从而使得第二体系的 u 是确定的；要么去测量第一体系的 w，使得第二体系的 w 是确定的。这可看成是上述假定的又一证明，即实体的数值必定在测量之前就存在。

在回答爱因斯坦、包道尔斯基和罗森三人的文章时，尼·玻尔提出了一种看法说，这个假定是不合理的。他根据这个意见给相关体系问题所展示的形式体系作出了物理解释，即对上述公式（1）—（10）作出了物理解释。让我们在转到问题的逻辑分析之前先来看看玻尔的解释。

玻尔假定相关体系由两个粒子组成，每个粒子通过同一个光阑上的一个狭缝。他接着说，如果测量对象也包括光阑，我们就能在粒子通过狭缝**之后**借助第一粒子的测量来确定第二粒子的动量或位置。为了确定第二个粒子的动量，我们要测量：

　　1)在粒子击中光阑**之前**每个粒子的动量

　　2)在粒子击中光阑**之前**光阑的动量

3) 在粒子击中光阑**之后**光阑的动量

4) 在粒子击中光阑**之后**第一粒子的动量

这时第二粒子的动量等于光阑的动量改变减去第一粒子的动量改变,再将减得结果加到第二粒子的初始动量上。

为了确定第二粒子的位置,我们要测量:

1) 光阑上狭缝之间的距离

2) 第一粒子刚刚通过狭缝之后的位置

从第二个结果可以推知光阑的位置,它是确定的,因为粒子的位置可以告诉我们它所通过的狭缝位置(这里把光阑平面的位置看作已知,粒子的碰撞只能引起光阑在其平面内的移动)。因为狭缝之间的距离已知,所以第二狭缝的位置也是确定的。

174　　　值得注意的是,尼·玻尔在这些推导中恰恰使用了爱因斯坦、包道尔斯基和罗森想要证明为必然的那个定义,即§25 的定义 1。这个定义虽然在上述第一组测量项目的 1 和 2 中没有用到,但在3 和 4 中用到,在第二组测量项目的 2 中也用到了它。否则——譬如说——我们就不能认为光阑动量的测量 2 与 3 之差等于光阑在两个粒子碰撞之下所获得的动量。如果测量 3 改变了光阑的动量,后一推理就不能成立。玻尔没有提到他用了一个定义把测得的数值看作测量之前的值。[①]　幸运的是,这个定义的使用并没有

---

① 一旦选用这个定义后,相关体系甚至还能利用来测量不可对易实体的同时数值。这时我们是测量第一体系的 u 和第二体系的 w;于是所得的数值 u_i 和 w_k 便表示第二体系的同时数值。但我们已在§25 指出,这些同时数值之所以可能测定,乃是由于§25 的定义 1。如果只用§29 的定义 4,对相关体系这两次测量得到的就不会是同时数值。

使玻尔的论据成为矛盾的,当我们把他的答案同我们用自己的概念所作的分析结合起来看时,这点就很清楚了。

我们将用我们的概念来回答爱因斯坦,包道尔斯基和罗森的批评,但在方式上与玻尔的考虑不同。我们不坚持说,使用§25的定义1是**不容许**的,而说它是**不必要**的。它也可以用;这是引用微粒解释,在前面所考虑的那种相关体系的情况下,能摆脱因果异常的正是这个解释。因此,即便连玻尔也正是由于使用了这种详尽解释才使得他的推理显得是合理的;他在这里遵循的是一个根深蒂固的习惯,就是物理学家喜欢使用不包含异常的解释。在这种解释中所能推出的结论必须适用于一切解释;玻尔推理中的基础正是这个原则。

但我们不要错误地推论说,既然§25的定义1在此给出了不包含因果异常的解释,那就**一定要**选用它。如果我们从自己的问题探讨中得出的这个看法与玻尔的意见一致,那是我们应当感到高兴的。在我们看来,玻尔在接受一个明确解释的时候似乎说得不够清楚;特别是,玻尔关于主客体的界线可以任意划分的想法还是放弃的好,在我们看来这些想法是同量子力学的逻辑问题毫不相干的。因此让我们继续用我们自己的形式体系来分析,即用§32中所阐发的三值逻辑来分析。

相关体系的存在所证明的是:不容许说实体在测量前的数值不同于测量得到的值。这样说会导致因果异常,因为它包含这样一个结论:对一个体系进行的测量会给出另一个与测量操作无物理相互作用的体系的实体值。现在,根据爱因斯坦、包道尔斯基和罗森文章中所完成的推理,我们必须说实体在测量之前的数值与测量得到的值相同。这个推理恰恰是无效的。

这个推理只能在二值逻辑中有效；而在三值逻辑中，它是不可能完成的。让我们用 A 表示如下的陈述："实体在测量之前的数值不同于测量得到的值"；于是相关体系的存在证明：如果要避免因果异常，陈述 $\overline{A}$ 就必须有效。$\overline{A}$ 这个陈述是说 A 不真，但这并不意味 A 是假；A 也可能是不确定。陈述"实体在测量之前的数值等于测量得到的值"应记为 $-A$，就是要用直接否定号来表示，因为这个陈述当 A 是假时便真。如果我们能从相关体系的存在推出陈述 $-A$，那的确是证明了有限解释要导致矛盾。但事情并不是这样；我们所能推出的只是 $\overline{A}$，它是和有限解释不矛盾的，因为 A 还有可能是不确定。

我们看到，爱因斯坦、包道尔斯基和罗森的文章能够大大澄清有限解释的性质。§29 中有限解释的定义 4 不能理解为这样的意思：实体在测量前的数值**不同于**测量结果；这正如说这个数值等于测量结果一样，会导致相同的困难。任何能确定实体在测量前的数值的陈述都会导致因果异常，只不过这些异常出现的地方各有不同，要看我们是如何去确定测量前的数值罢了。如果说这些数值等于测量值，这就会出现 §7 干涉实验中所描述的那种异常；①如果说这些数值不同于测量值，这就会出现相关体系情形中

----

① 这个陈述要作如下的理解。当我们在 B_1 和 B_2 两个狭缝附近分别装上一个盖革计数器时，我们总会把粒子的位置定域在两个计数器之一中。（当然，这一测量会对屏上的干涉图案有干扰。）如果假定粒子在击中计数器之前就在该位置上，那就要导致如下的结论：在我们还没有进行任何测量时，粒子也会在那里。这个结果意味着当我们在狭缝附近没有进行任何观测时，粒子就会通过一个狭缝或另一狭缝。我们已在 §7 证明了，这一假定导致因果导演。

的异常。

以上的考虑是一个有启发性的例子，能说明解释的性质。它们说明了详尽解释的作用，阐明了引入有限解释的目的是为了避免因果异常；另一方面，它们也证明有限解释是无矛盾的，如果它所涉及的一切陈述都用三值逻辑的规则来处理的话。

在有限解释的范围内，甚至有可能把两个体系在相互作用已经中断以后仍然保持相关关系的情况表示出来。利用221页引入的函子符号 $Vl(\quad)$ 并在括号内记入体系 I 和 II，我们能写出：

$$(u)\{[Vl(e_1,I)=u]\equiv[Vl(e_1,II)=f(u)]\} \qquad (11)$$

式中函数 f 是已知的。同样，对于不可对易的实体 v 我们能写出：

$$(v)\{[Vl(e_2,I)=v]\equiv[Vl(e_2,II)=g(v)]\} \qquad (12)$$

式中函数 g 是已知的。这两个关系当我们未曾对任何一个体系测量时成立。在我们已经对其中一个体系作了测量后，只有涉及被测实体的那个关系式仍然成立。例如，如果测量了体系 I 的 u，则只有(11)式仍然成立。

我们不要从(11)或(12)错误地推论说：当我们还没有进行测量时，任何一个体系的 u 或 v 都有确定值。这会意味着括号中的表式一定是真或一定是假；但等值式在这些表式不确定的时候也成立。因此，(11)和(12)乃是一种无需指出实体分别有确定值就能表示体系有相关关系的方法，[①]这说明三值逻辑所提供的解释比玻尔—海森堡解释好。在后一解释中，陈述(11)—(12)会是无意义的。只有三值逻辑才向我们提供了一种方法，能把体系的相

----

① 　参看 221 页注 2。

关关系表成一个甚至在测量前就有了的条件，从而消除了一切因果异常。我们不必说测量体系 I 的 u 产生出与其远隔的体系 II 的 u 值。对体系 II 说来，数值 u_2 的可预言性在我们已经测量了体系 I 的 u 之后表现为条件(11)的后承，而条件(11)又是两个体系共同历史的后承。

§37. 结论

把第一篇的一般探讨和第二、第三篇的数学分析以及逻辑分析结合起来，我们的研究结果可以总结如下。不确定关系是一个基本物理规律；它适用于一切可能的物理情态，因而包含客体受测量的干扰。因为不确定关系使我们不可能证实关于并协实体同时数值的陈述，所以这些陈述只能借助定义引入。因此物理世界可进一步划分为现象世界和中间现象的世界，前者可以很简单地从观测中推断出来，因而可以说是在广义上可观测的；后者只能通过基于定义的解释引入。事实表明，对现象世界的这一追加不可能没有异常地提出来。这个结果不是不确定原理的推论，而必须看作物理世界的第二个基本规律，可以把它叫作异常原理。这两个原理都可以从量子力学基本原理导得。

我们也可以不谈物理世界的结构，而代之以能用来描述这个世界的语言的结构分析；这一分析间接地、但是更精确地表示着物理世界的结构。这时我们是把对象语言与量子力学语言区分开来。前者除了在某些地方出现有不能证实的蕴含关系以外，实际上没有表现出什么异常。量子力学语言可以有不同的表述方式；

我们特别用到三种方式:微粒语言、波动语言和中立语言。这三种语言都涉及到现象和中间现象,但每一种都有它自己的缺点。微粒和波动两种语言就它们包含有因果异常的陈述来说,是表现有缺点的,这些异常出现的地方在两种语言中各有不同,所以在每个物理问题中,只要适当选择这两种语言中的一种,就可以把这些异常变换掉。中立语言既非微粒语言也非波动语言,因此不包括表示因果异常的陈述。但是,这种语言也有缺点,这是由于下一事实所致:中立语言是三值的;有关中间现象的陈述所具有的真值是**不确定**。

　　上述缺点并非由于这些语言选择得不适当;相反,这三种语言是所有各种可能的量子力学语言中的最好的语言。我们倒应当把这些缺点看作原子世界的结构在语言方面的表现,从而应当承认它在本质上不同于宏观世界,也不同于经典物理所曾经设想过的原子世界。

索　引

（数字表示原书页码，即本书边码）

图书在版编目(CIP)数据

量子力学的哲学基础/(德)H.赖欣巴哈著;侯德
彭译.—北京:商务印书馆,2018(2025.4重印)
(汉译世界学术名著丛书)
ISBN 978-7-100-16431-3

Ⅰ.①量… Ⅱ.①H… ②侯… Ⅲ.①量子力
学—物理学哲学—研究 Ⅳ.①O413.1-02

中国版本图书馆 CIP 数据核字(2018)第 168850 号

汉译世界学术名著丛书
量子力学的哲学基础
〔德〕H.赖欣巴哈 著
侯德彭 译

商 务 印 书 馆 出 版
(北京王府井大街36号 邮政编码100710)
商 务 印 书 馆 发 行
北京市艺辉印刷有限公司印刷
ISBN 978-7-100-16431-3

2018 年 10 月第 1 版 开本 850×1168 1/32
2025 年 4 月北京第 4 次印刷 印张 8¾
定价:42.00 元